水土保持:
解围小流域面源污染

杨育红◎著

中国水利水电出版社
www.waterpub.com.cn
·北京·

内 容 提 要

　　本书的主要内容为农业面源污染研究。本书主要围绕当前小流域面源污染的实际情况，结合实际案例，主要分析了土壤侵蚀以及面源污染的来源、迁移、防治效果以及动态优化配置措施。总体来说，本书具有一定的针对性和前沿性，可以为农业经济发展研究人员和农村环境保护人员使用。

图书在版编目(CIP)数据

　　水土保持:解围小流域面源污染/杨育红著.——
北京:中国水利水电出版社,2016.12（2022.9重印）
　　ISBN 978-7-5170-4942-5

　　Ⅰ.①水…　Ⅱ.①杨…　Ⅲ.①小流域－农业污染源－面源污染－污染防治－研究－中国　Ⅳ.①X501

　　中国版本图书馆 CIP 数据核字(2016)第 296805 号

责任编辑:杨庆川　陈　洁　　　封面设计:崔　蕾

书　名	水土保持:解围小流域面源污染　SHUITU BAOCHI：JIEWEI XIAOLIUYU MIANYUAN WURAN
作　者	杨育红　著
出版发行	中国水利水电出版社
	（北京市海淀区玉渊潭南路 1 号 D 座　100038）
	网址:www.waterpub.com.cn
	E-mail:mchannel@263.net（万水）
	sales@mwr.gov.cn
	电话:(010)68545888(营销中心)、82562819（万水）
经　售	全国各地新华书店和相关出版物销售网点
排　版	北京鑫海胜蓝数码科技有限公司
印　刷	天津光之彩印刷有限公司
规　格	170mm×240mm　16 开本　13.5 印张　173 千字
版　次	2017年1月第1版　2022年9月第2次印刷
印　数	1501—2500册
定　价	42.00 元

前　　言

农业面源污染已成为全球水环境质量保护的重点控制对象。国内外农业面源污染物输移过程和输移机理研究百家争鸣，防治措施百花齐放。东北地区作为我国重要的商品粮基地，农业面源污染研究处在污染源评价和负荷量化的基础阶段，缺乏面源污染防治措施的相关研究，对水土保持措施的面源污染防治效果研究尤为不足。受华北水利水电大学高层次人才科研启动项目资助和攻读硕士和博士学位阶段的科研积累，选取长春市石头口门水库莫家沟小流域水土保持示范措施为研究对象，进行坡耕地农业面源污染物的输移动态、水保措施的面源防治效果和防治措施的优化配置探索。研究结果有助于合理评估水土保持措施在促进农业面源污染防治中的贡献，同时也可为小流域治理提供理论参考和技术支撑。

全书分七章。第一章阐明了选题背景、目的和意义，通过综合分析国内外研究现状和存在的不足，提出研究内容、技术路线和创新点。第二章简要概述了研究区的自然环境特征、田间试验和样品测定分析方法。第三章应用核素示踪技术估算了研究区土壤侵蚀强度，并计算了随土壤流失的吸附态氮磷污染负荷。第四章回归了径流浸提土壤溶解态氮磷关系，定量研究了农业面源氮磷污染物在土壤-径流系统中的迁移。第五章利用模型模拟和实际监测数据，针对横垄措施和梯田措施分别进行了面源污染防治效果研究。第六章建立动态规划模型为实现小流域近期、中期和远期入库水质治理目标，进行面源污染防治措施的优选。第七章为结论部分，分析了研究中存在的不足和对未来的展望。

本书写作过程中得到了华北水利水电大学聂相田、汪伦焰、韩宇平、左萍、孙少楠教授等的指导和帮助，在此表示衷心感谢。

由于作者水平有限，书中不妥之处在所难免，希望广大读者批评指正。

杨育红

2016 年 8 月

摘　要

坡耕地水土流失不仅造成土地贫瘠,由此形成的面源污染也是受纳水体水质恶化的主要原因。通过选择长春市主要水源地之一的石头口门水库莫家沟小流域为研究区,运用复合核素示踪技术,量化土壤侵蚀强度;基于同步监测土壤和降雨径流资料,应用线性回归最小二乘法,建立土壤-径流系统溶解态氮磷的浸提回归模型,确定溶解态氮磷的流失负荷;针对小流域水土保持措施,进行水保措施的面源污染防治效果研究;基于水保措施的污染防治成果,建立并运用小流域动态规划管理模型,进行小流域入库 TP 浓度分别满足近期(2011—2020)、中期(2021—2030)、远期(2031—2050)水库水质Ⅲ类、Ⅱ类、Ⅰ类标准的理论和实际最佳面源防治措施组合。研究主要结论如下。

莫家沟小流域核素 ^{137}Cs 和 ^{210}Pb$_{ex}$ 背景值分别为 2918 Bq/m^2 和 8954 Bq/m^2;运用 ^{137}Cs 和 ^{210}Pb$_{ex}$ 核素示踪技术计算小流域多年平均土壤侵蚀厚度分别为 1.99 mm/y 和 1.85 mm/y;土壤侵蚀模数为 2507 t/(km^2 y) 和 2331 t/(km^2 y)。根据《黑土区水土流失综合防治技术标准(SL446—2009)》,莫家沟小流域土壤侵蚀强度属于中度-强烈过渡阶段。每年随土壤侵蚀流失的吸附态 TN、TP 分别为 29 kg/hm^2 和 12 kg/hm^2;随土壤侵蚀流失的 TN 负荷占化肥施用量的 22%;TP 流失负荷占化肥施用量的 10%。随土壤损失的 TN、TP 量分别是径流携带 TN、TP 负荷的 5 倍和 33 倍,流失土壤携带的吸附态 TN 负荷是土壤溶解态 TN 负荷的 300 倍,而流失土壤携带的吸附态 TP 负荷是土壤溶解态 TP 的 3000 倍。流失土壤颗粒是氮磷输出迁移的主要载体。

污染物的溶解态组分是面源污染最为活跃的部分。地表降雨径流携带的氮磷负荷与地区降雨强度、雨水氮磷含量、土壤氮磷的溶出性关系密切。降雨输入和农田土壤氮磷的溶出迁移是农业面源污染物氮磷的两大来源。土壤 WEN 向降雨径流迁移的回归方程为 $y = 0.361x + 0.978(R = 0.894)$；土壤 WEP 向降雨径流迁移的回归方程为 $y = 0.281x - 0.179(R = 0.943)$。土壤溶解态氮磷污染物的输移量即为径流量与土壤溶解态氮磷浓度及其提取系数之积。径流氮磷流失水平分别为 TN 6.02 kg/hm²，TP 0.37 kg/hm²。土壤溶解态氮磷提取系数模型的建立，是氮磷从农业营养元素向水环境污染因子进行内涵转变的桥梁；以水为浸提剂进行具有"水环境意义"的土壤水溶性氮磷分析，不同于传统"农学意义"上的土壤氮磷测试，是土壤氮磷向水环境迁移传输研究的重要模块，为农业面源污染防治和水环境保护规划提供了一种污染负荷估算新思路。

旱田农业面源污染负荷取决于污染物浓度和降雨径流量。不同的田间管理措施减少农业面源污染的效果不同。与顺垄耕作相比，横垄耕作措施可减少土壤流失 63%，梯田措施能减少土壤流失 95%。梯田措施较横垄耕作减少径流 45%、减少泥沙 74%。横垄耕作措施径流 DTN 负荷占 TN 负荷的 82%，DTP 占 TP 负荷的 16%；梯田措施径流 DTN 负荷占 TN 负荷的 84%，DTP 占 TP 负荷的 17%。梯田措施径流氮磷浓度均高于横垄耕作措施的径流氮磷浓度，单位面积梯田措施的径流磷负荷大于横垄耕作径流磷负荷；但梯田措施的氮流失小于横垄耕作措施的氮流失负荷。横垄和梯田措施径流氮流失以无机氮为主，其中，$NO_3^- -N$ 是主要形态；而径流中溶解态磷占很少一部分，吸附态是磷的主要流失形态。梯田是减少农业面源吸附态污染负荷的有效措施，但并不是减少农业面源溶解态污染负荷的理想措施。

运用动态规划模型，对小流域分三个阶段进行 21 种情境模拟，分别使小流域入库水质 TP 满足水库Ⅲ类、Ⅱ类、Ⅰ类标准。2010 年为基础年，保持现状施肥量和林地、耕地面积不变，小流域入库水质达到 TP≤0.05 mg/L。针对目前粮食生产形势和水源地保护政策,选择具有操作性强的措施组合方案。近期(2011—2020)目标达到小流域入库水质 TP≤0.05 mg/L,选择保持现状施肥量,梯田面积不变,≤5°耕地 0.411 km² 横垄耕作,其他耕地退耕还林措施。中期(2021—2030)目标是实现石头口门水库水源地功能达标,在第一阶段基础上,修建人工湿地 0.03 km²,即可满足小流域入库水质 TP≤0.025 mg/L。实现小流域远期(2031—2050)入库水质目标,TP≤0.01 mg/L,采用全部农田原位退耕还林(化肥施用量 0 kg/hm²),保持已建人工湿地 0.03 km²。动态规划模型为实现小流域综合治理进行多种方案或情境优选提供有效方法。

　　关键词:核素示踪技术;农业面源污染;横垄;梯田;坡耕地

目　　录

第一章 绪 论

第一节 选题背景、目的和意义

一、选题背景

农业面源(也称非点源)是全球水环境恶化的主要原因。国家粮食安全保障与粮食供需矛盾不断刺激化肥、农药、除草剂等农用化学品的增加。大量营养元素(N、P)、盐分、有毒有机物随农田回归水和暴雨径流进入水环境,水体中的盐分、硝酸盐、总悬浮固体含量增高已成全球性趋势(陈静生,2000)。

20 世纪 80 年代以来,全球陆地面积的 30%～50%受面源污染影响(Lovejoy 等,1997)。英国水体 60%的氮(N)、25%的磷(P)和 70%的沉积物(sediment)[1];西班牙 Ebro 河 64%的硝氮(NO_3^--N)(Torrecilla 等,2005);荷兰水环境中 60%的总氮(TN)和 45%左右的总磷(TP)(Boers,1996);丹麦 270 条河流中 94%的 N 和 52%的 P(Kronvang 等,1996)均来自农业面源;美国河流污染长度的 48%和湖泊污染面积的 41%受农业生产活动引起的面源污染影响[2];日本 Biwa 湖的主要污染源是稻田退水(Line

---

[1] UKDEFRA. http://www.defra.gov.uk/foodfarm/landmanage/water/csf/index.htm. 2002-06-27,last modified:2009-09-01.

[2] USEPA. National Management Measures to Control Nonpoint Pollution from Agriculture,2002.

等,1997)。

我国也有 63%的湖泊水体达到富营养化,其中 50%以上的 N、P 负荷来自农业面源(王晓燕,2003)。云南洱海(杨建云, 2004)、江苏太湖(夏立忠,2003)、北京密云水库(王晓燕等, 2002)、安徽巢湖(阎伍玖等,1998)、天津于桥水库(王刚和郭柏权,1999)和云南滇池(阎自申,1996)等重点治理水域,因面源污染影响,水环境质量难以彻底改善和修复。

2007 年我国农业源化学需氧量(COD)排放量占全国 COD 排放总量的 43.7%;农业源 TN、TP 排放量分别占排放总量的 57.2%和 67.4%;畜禽养殖业的 COD、TN 和 TP 分别占农业源的 95.8%、37.9%和 56.3%[①]。类比计算,随畜禽废弃物排放的氨氮(NH_3-N)可占农业源的 42.4%。在工业点源和城镇生活源治理率不断提高的发展趋势下,农业面源无疑将成为水环境的最大污染源。

污染物 N、P 输移机理研究是农业面源研究中的主要内容。一般认为,N、P 主要是通过污染物结合在悬浮颗粒上,随土壤流失进入水体,而水溶性较强的污染物则被淋溶进入径流(Stefano 等,2000);氮常以溶解态在渗滤水中传输,而磷和土壤颗粒结合被输移(Pionke 等,2000);径流中溶解态 N、P 的流失量与表层土壤性状、径流发生地点有关,颗粒态 N、P 与径流过程中的土壤侵蚀有关(Sharpley 等,1996)。与土壤相比,侵蚀泥沙有较高的养分含量,表现出对 N、P 等养分的富集作用(Sharpley,1985)。随地表下径流流失的 P 被认为是非常少的(Torrecilla 等,2005),但当土壤地表水含 P 时,集水区地表下流失的 P 非常明显(Mc-Dowell 等,2001)。可见,即使是对 N、P 输移机理也没有达成完全共识。造成这种困扰最根本的原因是对 N、P 的输移机理还不是十分清楚。2011 年我国土壤侵蚀面积 294.91 万平方千米,水

---

① 中华人民共和国环境保护部,中华人民共和国国家统计局,中华人民共和国农业部.第一次全国污染源普查公报,2010.

土保持措施面积 99.16 万平方千米[①]，占总土壤侵蚀面积的 33.6%，土壤侵蚀造成的受纳水体水环境质量问题不应小觑。因此，有必要研究土壤到径流到水环境的溶解态和吸附态 N、P 的输移过程，为揭示其机理提供数据支持。

农业面源污染具有随机性大、分布范围广、影响因子多、形成机理复杂和潜伏滞后等特点，致使污染治理方面还存在着诸多不确定性和复杂性。与点源污染相比，面源污染受降雨强度和土地利用影响很大，决定了面源污染治理不同于点源污染处理，而是集中在土地和径流管理措施方面。结合农业活动采取综合性措施，是减少或防止农业面源污染产生的关键（Centner 等，1999）。具体措施有农作物覆盖、等高线耕作、条状种植、保护性耕作、营养物管理、河滨植被缓冲带、人工湿地、梯田、过滤带和水道、牧场管理、带状种植等[②]。单一措施普遍存在"保一损一"现象，如与传统耕作相比，少耕法或免耕法虽然减少地表径流中的 N 负荷，但却增加 $NO_3^- $-N 淋溶量（Drury 等，1993）；而等高耕作地表径流中 NO_3^--N、NH_4^+-N 和 PO_4^{3-}-P 浓度均高于传统耕作法地表径流 N、P 浓度（Alberts 和 Spomer，1985）。免耕、少耕和残茬覆盖等单一的保护性耕作措施不能有效减少土壤中 N、P 养分的流失（Stevens 和 Quinton，2009）。污染防治措施的综合建设及优化组合成为减少农业面源污染和流域水环境质量改善的有效途径。农业面源污染防治研究逐渐从理论探索转向实际应用、从单一措施转向多种措施并存的阶段。

我国农业面源污染管理和控制措施零散，没有形成系统的体系。但我国通过长期研究发展的"工程措施、生物措施和蓄水保土相结合"的水土保持综合防护体系对减少水土流失效果明显，而且示范分布广泛。水土保持系统在减少土壤侵蚀方面成果斐

---

① 中华人民共和国水利部，中华人民共和国国家统计局. 第一次全国水利普查公报，2013.

② Georgia Soil & Water Conservation Commission. Agricultural best management practices for protecting water quality in Georgia，1994.

然，但对水保措施的面源污染防治效果缺乏足够的关注。因此，充分利用小流域水土保持示范区，开展水保措施的面源污染防治效果研究，进而提供有效的措施优化组合是促进我国农业面源污染防治的重要途径。

东北地区是我国重要的商品粮基地和粮食生产后备区。独特的土壤特性、地形地貌、气候特征和长期采用频繁耕翻、无秸秆覆盖、顺坡耕作等常规农田管理，造成黑土地土壤侵蚀严重（刘宝元等，2008）。由此形成的面源污染不同程度地影响着区内饮用水源地安全，松花湖、石头口门水库、月亮湖、五大连池、连环湖、新立城水库等均处于中度营养水平以上，个别水库出现局部区域"水华"现象。松花湖流域面源 TP、TN 负荷约占总负荷的 88%和 71%（王宁，2001；王霞，2005）；新立城水库 1998 年 TN 面源污染负荷占总负荷的 81%（杨爱玲，2000）；松花江流域农田 TN、TP和 NH_4^+-N 污染负荷最高（岳勇等，2007）。松嫩平原、吉林西部地表径流与农田回归水对松花江及嫩江的水质碱化贡献率达55%～65%（陈静生等，1999；阎百兴，2001）。黑土区水土流失对土壤和水资源危害严重，"东北黑土区水土流失综合防治一期工程饮马河流域吉林省长春市莲花山流域项目"的实施，多个小流域水土保持示范工程相继建设并投入使用，为小流域农业面源污染综合研究提供了契机和平台；可为我国农业产粮大省——河南省改良坡耕地地力，减缓土壤质量退化，提升粮食产量提供措施保障。

二、选题目的

通过研究坡耕地土壤-径流系统中 N、P 形态及负荷的变化，①全面掌握面源污染中溶解态和吸附态 N、P 的输移过程，量化污染负荷和污染物流失水平，为确定科学合理的面源污染防治规划提供理论基础；②探讨水土保持措施的面源污染防治效果，结合零维水质模型和动态规划模型，提供实现小流域出口水质-水量俱佳的措施优选配置方案,为小流域综合治理提供示范依据。

三、选题意义

我国"十一五"环境保护规划要求加快实现"环境保护滞后于经济发展转变为环境保护和经济发展同步,做到不欠新账,多还旧账,改变先污染后治理边治理边破坏的状况"。加强小流域综合治理,控制水土流失,开展农村面源污染防治综合治理的试点、示范是饮用水水源安全和粮食生产安全的全力保障,也是促进社会主义新农村建设的重要任务,更是实现水环境保护与农业生产协调发展的科学之路。

控制农业面源污染是农业与农村可持续发展的重大课题;如何实现粮食增产不增污是当前急需解决的问题之一;如何充分利用"全部降水就地入渗拦蓄"为核心的水土保持综合防护体系进行面源污染防治及其措施的优化配置是当前乃至今后农业面源污染综合研究的重要任务。

定量研究我国大粮仓——东北地区小流域农业面源污染及水保措施的面源污染防治效果和防治措施配置研究,可为小流域综合治理和大流域水环境保护提供理论基础,为河南省实现水源地水环境安全和保障耕地资源的数量和质量提供重要示范意义。

第二节 农业面源污染研究进展

农业面源污染主要是指农业生产活动中,农田中的土粒、氮、磷、农药等有机、无机物质,在降水、灌溉或其他过程中,通过地表径流、农田排水和地下渗漏,大量进入水体,其浓度和含量超过水体的自然净化能力,使水体水质和底质的物理、化学性质或生物群落组成发生变化,从而降低水体的使用价值和使用功能。污染源确定、污染负荷量化、输移机理探索、相关法规制定及防治措施建设一直是面源污染研究的重要内容。农业面源污染的发生和程度与水文循环、土壤侵蚀密不可分,污染物的迁移、转化、输送与水文损失过程、降雨、径流、下垫面关系密切,决定了农业面源污染日渐成为汇集农学、环境科学、统计学、信息系统学等学科的交叉研究流域。

一、污染源确定和农业面污染模型发展

20世纪80年代,科学技术的迅猛发展和生产工艺的不断改进,人们的环境保护意识逐渐提高,90%的环境保护投资用于点源污染的治理和控制,近100%点源污染物达标排放,但是,1992年美国仍有44%的评价河段不能完全满足其水体功能要求(Puckett,1995)。农业面源污染成为发达国家地表水环境的首要污染源和重点研究对象,同时,发展中国家也开始进行湖库水体富营养化调查和流域综合治理,面源污染研究进入全面发展阶段。

与工业、生活点源污染的固定时间、固定数量和固定排放口等"固定性"特点相比,农业面源是污染物以广域的、分散的、微量的形式进入水环境,具有时空范围更广,随机性更强,成分、过程更复杂等"不确定性"特征。面源污染负荷量化也是面源污染研究中的基础内容和艰巨任务。常用的面源污染负荷量化方法分为经验方法和模型模拟。

(一)农业面源污染负荷量化经验方法

1.统计调查方法

将抽样调查原理和统计学原理融入农业源污染负荷调查,主要有重点调查、抽样调查和典型调查三种。

2.二源分割法

选取不同尺度流域出口为监测点进行水样采集和分析;根据

流域出口丰水期和枯水期水量及污染物浓度,采用二源分割法计算流域输出面源污染负荷。

3. 输出系数法(单位面积负荷法)

输出系数法(Johnes,1996),对不同种植作物的耕地、不同牲畜根据其数量和分布采用不同的输出系数;对人口的输出系数则主要根据生活污水的排放和处理状况来选定。在总氮输入方面还考虑了植物的固氮、氮的空气沉降等因素。

4. 水质-水量相关法

该方法是以径流试验场或河道水质、水量同步监测资料为基础开发的经验模型,是建立在大量实测数据的基础上,适合于有较好数据基础的流域。

5. 降雨量差值法

其基本思路为非点源污染的产生受降雨量和降雨径流过程的影响,晴天或雨天不产生地表径流时,流域的污染全部为点源污染,发生暴雨并产生地表径流时,两者同时包括。点源较为稳定,可将其视为常数。任意两场洪水产生的污染负荷之差为这两场降雨量之差引起的非点源污染负荷。

这些经验方法能充分利用相对容易得到的土地利用状况等资料,直接建立土地利用与受纳水体面源污染负荷的关系,避免了对面源污染物产生和迁移过程的过多考虑,应用效果较好。

(二)农业面源污染模型

美国农业部1979年开发的农业管理系统中化学物质、径流和侵蚀模型CREAMS奠定了非点源污染模型发展的"里程碑"。该模型首次综合了农业非点源污染迁移过程的各个环节,即水文、土壤侵蚀和污染物迁移过程,用于评价田间尺度多种耕作措施下土壤侵蚀和水质状况(Knisel,1982)。美国 Hydrocomp 公司为美国环保局研制的非点源污染系列模型 PTR-HSP-ARM-NPS，以水文数学模型为基础，可详细描述小尺度流域污染物迁移转化的机理和模拟污染物在连续时间内的污染负荷(王晓燕,2003)。

计算机技术的快速发展,涌现了大量可嵌入多种模块的非点源污染模型。美国普渡大学农业工程系 1981 年提出了基于降水事件的分布式参数模型 ANSWERS,主要用于模拟农田径流和土壤侵蚀,考虑了雨滴的溅蚀率、地面径流分散率和输沙能力对流域产沙的影响。同年,Hanson 等提出的第一个综合性流域模型 HSPF,集水文、水力、水质于一体的连续仿真程序能模拟复杂的非点源污染的水文传输过程,包括泥沙迁移和污染物运动。1996 年 HSPF 与 BASINS 整合,并完全嵌入到 GIS 系统,可以方便调用各种地理数据;AGNPS 由当初的单一事件模型发展到以天为基本单元的持续模拟模型 AnnAGNPS,并与 GIS 和决策支持系统相结合,用于持续模拟地表径流、污染负荷等;流域尺度的 SWAT 模型,作为一个扩展模块集成于 ArcViewGIS 中,可以模拟 100 年内的某个流域的总径流量、营养物负荷和泥沙流失量,预测土地管理措施对非点源污染的影响,进一步评估整个流域范围内的水分平衡和非点源污染状况等。这些模型所需参数众多,对操作者也有严格要求,限制了多数模型的推广应用。常用模型列表见表 1-1。

表 1-1　主要农业非点源污染模型

模型名称	参数形式	尺度	研究对象	主要结构及特征
ARM	集总	农田、小区	径流、泥沙、农药、营养物	SCS 水文模型,尼格夫泥沙模型;污染物吸附和解吸、农药降解以及营养物转化
CREAMS	集总	农田、小区	氮磷、农药等	SCS 水文模型,Green-Ampt 入渗模型;考虑溅蚀、冲蚀、河道侵蚀和沉积;RUSLE;考虑氮、磷负荷,简单污染物平衡

续表

模型名称	参数形式	尺度	研究对象	主要结构及特征
EPIC	分布	农田、小区	氮磷、农药等	SCS 水文模型，RUSLE；氮磷负荷，复杂污染物平衡
ANSWERS	分布	流域	氮磷	考虑径流输移作用，雨滴的溅蚀率，地面径流分散率和输沙能力对流域产沙的影响
AGNPS	分布	流域	氮磷、农药、COD	SCS 水文模型，USLE 模型；氮磷，COD；以网格为单元
HSPF	分布	流域	径流、泥沙、营养物、杀虫剂等	斯坦福水文模型；考虑雨滴溅蚀、径流冲刷和沉积作用；考虑氮磷和农药等复杂污染物平衡
SWAT	分布	流域	氮磷和农药等	SCS 水文模型，RUSLE；氮磷负荷，复杂污染物平衡

我国农业面源污染模型研究起步晚、发展快，但整体处于借鉴国外现成模型的"拿来"阶段。急需进行大量成熟模型的验证和实例研究工作，尤其是提高小流域尺度的污染负荷估算精度的模型；关键还要继续进行区域调查分析与小区实测研究相结合的方法，为开发出适合我国国情的农业面源污染模型积累不同区域尺度的基础数据，争取建立全国范围内的面源污染数据库。

瞬时单位线法（阎百兴，2001）、输出系数法（李怀恩，2000）和平均浓度法（李怀恩等，2003）较好的预测了流域面源污染负荷；USLE（王宁，2001）、RUSLE（胥彦玲等，2006）和 SCS 模型（贺宝根等，2001）也被广泛用于面源污染负荷估算。郝芳华等（2006 a；2006 b）利用修正的 SWAT 模型对大尺度区域进行了面源污染负荷估算与分析；阎百兴（2004）尝试利用[137]Cs 示踪技术进行小流域近 40 年来随土壤侵蚀输入水体的多年平均吸附态 N、P 等农业面源污染负荷。然而，径流中污染物的流失量不仅与表层土壤性状有关，还与径流发生地点有关；颗粒态与径流过程中的土壤侵蚀有关(Sharpley 等,1996)。地区差异与资料可得性也决定了不同模型的应用限制。

二、面源污染物输移机理

农业面源污染物包括营养物质(N、P)、杀虫剂(pesticides)、重金属(heavy metals)、盐分(salts)、病菌(pathogens)等。污染物进入水体后,氮、磷等引起的水体富营养化,农药、重金属对水质的有毒有害污染,盐分增加碱度等,严重影响水生生态系统健康(阎百兴,2001)。为有效减少污染、合理布置防治措施以及提高面源污染模型的预测精度,揭示面源污染物输移机理一直是研究的主要内容。已取得研究成果有,对流和扩散作用使土壤中活性化学物质迁移到土壤表层(Ahuja,1990);化学物质从土壤表层或近地表的土壤溶液迁移到地表径流的水膜理论或混合区概念(Frere,1980);化学物质溶解到径流(Bailey,1974;Vadas 等,2009)以及由回流引起的化学物质的释放(Ahuja,1982)等。

氮磷污染物迁移转化研究最多。一般认为,吸附态污染物随土壤颗粒进入水体,溶解态污染物被淋洗溶出进入径流(Stefano 等,2000)。氮常以溶解态在渗滤水中传输,而磷和土壤颗粒结合被输移(Pionke 等,2000)。农田面源污染 50% 的 N、P 负荷发生在基流(base flow),并且排水好的农田有较高的氮负荷,排水不好的农田有较高的磷负荷(William 等,1984;William 和 Ritter,1986)。所有径流的产生都伴随着侵蚀泥沙的发生,与土壤相比,侵蚀泥沙有较高的 N、P 含量,表现出对 N、P 的富集作用(Sharpley,1985)。侵蚀泥沙对 N、P 的富集源于径流对土表富含 N、P 的有机质和黏粒的选择性搬运(Meyer 等,1992;Stefano 等,2000)。McDowell 等(2001)从中等尺度流域进行沉积物和磷负荷研究,发现由于细小土壤颗粒能富集更多的磷,小规模降水条件下的磷浓度高于大规模降水时的磷浓度,当土壤地表水磷浓度高时,从集水区地表下流失的磷非常明显。而 Torrecilla 等

(2005)研究发现,磷只通过农业排溉系统传输,不出现在地下水中,随地表下径流流失的磷非常少。

我国农业面源污染物输移机理研究集中在降水径流、农田灌溉、排水等过程以及淋溶作用引起土体中的污染物迁移并进入地下水和地表水的过程(张玉斌等,2007),多是小区和农田尺度的溶解态或吸附态 N、P 迁移转化中的形态变化和土地利用对污染物输出的影响。通过 $\delta15N$ 同位素技术示踪,太湖地区浅层水井中的 NO_3^--N 主要来自农田淋洗(邢光熹等,2001)。在小区尺度上,不同土地利用方式的降雨-径流 N、P 流失规律不同(窦培谦等,2005),不同植被覆盖度对氮素流失影响不同,径流和侵蚀量随植被覆盖度增加呈递减趋势,而 NH_4^+-N 和 NO_3^--N 流失却呈递增趋势(张兴昌等,2000)。旱田洗盐排水中 N、P 污染物以悬浮态为主(阎百兴,2004),稻田土壤侧渗流失是 N、P 流失的一个重要途径(周根娣等,2006)。这些与其说是机理研究,不如说是追根溯源的源解析研究,但对于污染负荷控制同样具有指导意义。

农田地表管理特别是耕作时间和耕作方式,施肥种类、施肥时间和施肥方式对不同形态 N、P 输出影响较大(黄满湘等,2001;梁涛等,2002;高超等,2005;朱继业等,2006)。过多的作物残茬覆盖导致氮素淋溶增加(Mitchell 等,2000);翻耕农田地表径流量是免耕农田的 1.85 倍(Choudhary 等,1977);免耕比其他耕作方式更有效降低 NO_3^--N 淋溶(Tapia,2001);联合施肥耕作方式降低径流 DRP(dissolved reactive phosphorus),但 TP 浓度和负荷增加(Walter 等,2001)。保护性耕作措施能减少径流、增加渗透量,加大 NO_3^--N 滤出(Line 等,1997)。免耕条件降低土壤损失 49%,而径流中 $PO_4^{3-}-P$ 浓度却比常规耕作土壤增加 212 倍,DTP 和 TP 迁移量分别增加 212 和 210 倍,免耕可减少土壤流失但不会减少磷流失负荷(Gaynor 和 Findlay,1995)。免耕、少耕和残茬覆盖等单一保护性耕作措施不能有效减少土壤中溶解态 N、P 流失,解决一种污染同时加剧另一种水质污染问题的现象普遍(Maria 等,2006;Stevens 和 Quinton,2009)。

由于不同的面源污染物迁移转化途径迥异,对面源污染物产生机理、迁移转化的许多物理、化学和生理生态学过程的理解还十分有限,甚至出现相互矛盾的解释和许多解释不清的现象,面源污染输移机理研究存在着诸多不确定性。即使对熟知的 N、P 污染物的输移机理还存在着未知性,缺乏进行污染物原子、分子层次的深入研究。但农田壤中流与泥沙所携带的溶解态与吸附态 N、P 是农业面源污染的最大来源,得到国内外学者一致公认(Baker 和 Laflen,1983)。

今后农业面源污染研究需改变观念,统筹考虑水土界面的农业面源污染扩散机理及输移过程,既要关注土壤流失的农学意义,又要充分探讨侵蚀泥沙进入受纳水体所能引起的环境影响。综合研究多种面源污染防治措施下的污染物迁移机理是减少土壤中溶解态养分输出、阻止吸附态面源污染的关键。

三、农业面源污染管理与控制措施研究

(一)农业面源污染防控措施

农业面源污染机理探索和模型研究的最终目的是为了有效控制污染产生、减少污染输移,实现流域水质功能达标和水生生态系统良好发展。与工业点源污染相比,农业面源污染受降雨强度和土地利用方式影响很大。由于引起农业面源污染的降雨侵蚀力不受人为控制,结合农业活动,采取土地和径流综合性管理措施是治理农业面源污染的主要特征。典型的面源污染减少和预防措施包括耕作、养分、景观管理措施和工程措施。

耕作管理是通过降低污染物迁移能力,起到减少污染的目的。传统耕作的氮、钾素流失分别是残茬覆盖和起垄耕作的 7 倍和 60 倍,磷流失也较覆盖和起垄耕作高(Munodawafa,2007);与传统耕作相比,每增加 9%～16%的作物残茬覆盖即可使土壤侵

蚀减少 50％（Dillaha 等，1988）；免耕、等高耕作措施等措施都有效地减少了泥沙和黏附在泥沙上的 TN 和 TP 流失（Gassman 等，2006）。保护性耕作比传统性耕作在减少泥沙、养分流失方面具有积极意义，但与直接控制农药和化肥施用的养分管理措施相比，收效有限（Drury 等，1993；Gowda 等，2008）。

　　养分管理的目的是抑制养分释放速度，使之既满足植物生长需要，又减少过剩养分流失，从而减少面源污染产生，防患于未然。包括肥料深施、平衡施肥和使用缓释肥料等措施，施肥种类和施肥时间也同样影响污染物产生的浓度和负荷。冬季施有机肥的玉米地，夏季径流中 TP 和 SRP(soluble reactive phosphorus)浓度分别是冬季未施有机肥玉米地的 2 倍和 15 倍，有机肥中 17％的氮和 15％的磷随径流流失（Meals，1996）。改变施肥时间、化肥减施 20％，NO_3^--N 流失减少 17％（Gowda 等，2008）；氮肥从 202 kg/hm^2 减少到 134 kg/hm^2，随农田排水流失的 NO_3^--N 减少 25％（Buzicky 等，1983）。农田产生的面源氮污染，一旦进入水环境输移过程，超过 90％的 NO_3^--N 将进入最终受纳水体（Randall 和 Schimitt，1998）。面源污染物传输过程中去除污染危害的可能性很小，因此，源头控制是污染减少的关键措施。

　　作为景观管理措施之一的河滨植被缓冲带（长 335 m，宽 10～16 m）可减少 NO_3^--N、TN、TP 和泥沙负荷的 33％、78％、76％和 82％（Line 等，2000）；梯田、田间等高缓冲带、植物篱、草皮水道可有效减少农田回归水和 N、P 养分流失（Gassman 等，2006）。土地利用科学合理规划和河滨湿地恢复也是控制和减少农业面源污染的主要措施（Torrecilla 等，2005）。运用 SWAT 模型定量评价长江上游地区"退耕还林"措施对流域的径流、泥沙和面源污染负荷的长期影响研究发现，坡度＞7.5°的耕地退耕还林后，有机氮、有机磷可分别减少 42.1％、62.7％（Ouyang 等，2008）。

　　对于已经产生的农业面源污染，可以通过建设沉砂池、渗滤池、集水设施等传统的工程措施，也可修建人工湿地、生态河道、生态沟渠、水陆交错带等新兴的生态工程措施进行类似于点源污染治理的过程拦截和末端处理,达到原位治理污染的效果。水稻田湿地系统在中等水文条件下,水沟、水塘和水稻田对 TP、TN 的截留率分别在 90％和 50％以上(晏维金等,1999);借鉴自然湿地的净化功能,采用人工湿地处理农田径流,面源污染物去除率分别达到 TN 60％、TP 50％、DTN 40％、DTP 20％、TSS 70％、COD_{Cr} 20％(刘文祥,1997)。但这些工程措施只能作为源头控制措施的辅助技术,不能将面源污染治理寄希望于中间拦截和末端治理技术的建设、应用。

(二)农业面源污染防控政策法规

农业面源污染是农业生产活动中产生的主要外部不经济性,依靠政府命令和法律的介入来促进外部性问题的内部化过程,是必要的干预手段。通过制定法律法规,使农业面源污染治理有法可依。农业面源污染治理措施的选择及推广应用不仅要依据农业自然状况和生产经营特点,考虑污染物迁移转化的物理、化学、生物过程,还要充分考虑社会经济、文化感知、政策决策等因素,主要是考虑农场主或农户的意愿,从成本效益出发,进行措施的经济、社会、环境效益平衡分析、综合评价和优化选取(Shortle 等,1998;Borin 等,2005;Luo 等,2006;Munodawafa,2007)。

美国 1987 年《清洁水法》设立了州面源控制计划(State Nonpoint Source Management Program),增加了国家河口规划(National Estuary Program),作为管理面源污染的基础(奥托兰诺,2003);随后,杀虫剂计划(Pesticides Program)、海岸带非点源污染管理计划(Coastal Nonpoint Pollution Control Program)、海岸带法修正案(Coastal Zone Act Reauthorization Amendments)、水源评价和保护计划(Source Water Assessment And Protection Programs)、乡村清洁水计划(Rural Clean Water Program)、联邦安全饮用水标准(Federal Safe Drinking Water Act)等为减少农

业面源污染提供强有力的法律依据。

欧盟在对农业面源污染进行分类控制的基础上,相继出台了一些限制性农业生产技术标准,统一了水源保护区标准、水源涵养地的耕作标准等技术标准;通过市场和农村发展两个方面控制肥料和农药的施用。1980 年,欧盟颁布《饮用水法令》(Drinking Water Directive),规定饮用水中硝酸根含量上限 50 mg/L;1989 年,出台了第一个治理农业污染的法案;1991 年,《欧盟硝酸盐法令》(EU Nitrates Directives)要求有机肥料施用量(以 N 计)不得超过 170 kg/(hm² y)。1993 年,欧盟开始的农村发展计划,提出大力发展有机农业,制定了环境安全的良好农业措施体制,针对农田化肥和有机肥的施肥量和施肥时间,有机肥的质量标准,以及养殖场的有机废物排放和处理建立了严格的标准,编制了减少氨挥发排放国际标准。2000 年的《欧洲水框架指南》(European Water Framework Directive)确定 2015 年欧洲水生生态系统达到优良级。

我国为改善生态环境实施的"退耕还林"措施,其经济、环境效应和面源污染减少效果显著(Wang 等,2007;Ouyang 等,2008)。借鉴国外政策法规体系的制定,王晓燕和曹利平(2006)提出污染控制经济政策体系,包括基于限制和约束功能的税费政策、引导和鼓励功能的补贴补偿等优惠政策,以及创建基于流域的排污权交易市场;并以北京市重要水源地密云水库的两大汇水流域之一的潮河流域为政策设计示范区,从经济、技术及制度方面分析了各经济政策的功能和适用情况。经过近 30 年的环境管理和污染治理,我国农业面源污染防治取得了一定成果,水环境质量有所好转,但有些防治措施在我国人多地少情况下不现实,需要探求和制定适合我国国情的农业面源污染防治体系。

综上所述,与发达国家完善的农业面源污染管理体系相比,我国的农业面源污染控制还处在对单一措施或多种措施的污染减少效果的评价阶段,缺乏相应的管理法规和奖惩政策。水土流失防治措施间接地成为我国减少面源污染的重要政策和手段,但水保措施的面源污染防治效果是否与其"减沙蓄水"功能相媲美，应加强深入研究。

目前，我国面源污染仍处于起步阶段，充分利用现有水土保持和面源污染研究成果，全面加强农业面源污染输移机理、负荷估算、防治措施的优选研究，是我国农业可持续发展和水生生态系统健康发展的关键。

四、我国东北地区面源污染研究进展

为掌握东北地区面源污染研究动态和明确研究中存在的问题和不足，对近 25 年（1991—2015 年）东北地区有关面源污染研究成果进行检索、分类和统计分析，以便更好地进行区域水环境治理和污染防治。东北地区面源污染研究总体呈增加趋势；研究内容包括水环境污染源调查分析与评价、污染负荷量化、机理探索、模型模拟和污染防治 5 类；研究对象包括氮、磷、泥沙、农药和重金属；经验方法估算污染负荷较多，机理模型应用成功实例较少；研究性论文中以农业面源污染较多，城市面源污染较少；治理措施停留在水土保持措施层面上，缺乏对水土保持措施的优选评价和对最佳管理措施的评价研究。

目前，东北地区面源污染研究处在理论探索阶段，面源污染是否是主要污染源还存在争议。今后应着力于措施应用、评价和基础数据收集及区域面源污染物的确定和污染负荷的量化研究；尝试新技术和多领域交叉合作，为区域水环境治理提供科学依据。

面源是水环境质量恶化的重要污染源，是水质难以彻底改善和恢复的主要因素①。按其发生来源，大致划分为农业和城市面

① Knisel WG. Systems for evaluating nonpoint source pollution：An overview. *Mathematics and Computers in Simulation*，1982，24（2－3）：173－184.

源两大类,其中农业面源的贡献率最大,城市地表径流次之①。东北地区是我国重要的农牧业生产基地和最大的老工业基地,城市化水平位于全国前列;集约化、机械化、规模化的农业活动大大增加了农用化学品的投入;而城市化不透水地面比例的不断提高,导致富含地面污染物的径流量加大,最终进入江河湖泊,影响水环境水质安全。区内两大河流松花江、辽河受人类活动影响,水污染加剧;湖库营养状态呈现增加趋势,个别水库出现局部"水华"现象②。

我国《环境保护法》(修订后 2015 年 1 月 1 日起施行)第四十九条规定,各级人民政府及其农业等有关部门和机构应当指导农业生产经营者科学种植和养殖,科学合理施用农药、化肥等农业投入品,科学处置农用薄膜、农作物秸秆等农业废弃物,防止农业面源污染。

禁止将不符合农用标准和环境保护标准的固体废物、废水施入农田。施用农药、化肥等农业投入品及进行灌溉,应当采取措施,防止重金属和其他有毒有害物质污染环境。

畜禽养殖场、养殖小区、定点屠宰企业等的选址、建设和管理应当符合有关法律法规规定。从事畜禽养殖和屠宰的单位和个人应当采取措施,对畜禽粪便、尸体和污水等废弃物进行科学处置,防止污染环境。

我国面源研究在污染物迁移规律、环境影响、污染控制、型模拟和相关政策、经济、管理等方面取得了显著成就,有关全国和区域尺度的综述性文章占面源文章总数量的 10%。但是,对东北地区面源污染研究成果仍然缺乏系统的梳理和综合评价。

---

① US Environmental Protection Agency. National Water Quality Inventory:1994 Report to Congress. Washington DC,1996.

② Qian Y(钱 易). Prevention and Control of Water Pollution in Northeast China. Beijing:Science Press,2007(in Chinese).

（一）东北地区概况

东北地区是个比较完整而又相对独立的自然地理区域,位于115°05′—135°02′E,38°40′—53°34′N。西、北、东三面被中低山环绕,南部濒临渤海和黄海,中、南部形成广阔的辽河平原、松嫩平原,东北部为三江平原;山地与平原之间是丘陵过渡地带。山地占43.6%,丘陵占26.3%,平原占30.1%。行政区范围包括黑龙江、吉林、辽宁和内蒙古呼伦贝尔市、兴安盟、通辽市、赤峰市（内蒙古东四盟市）,土地总面积124万km²,人口1.20亿。松花江、辽河水系覆盖全区,有黑龙江、乌苏里江、绥芬河、图们江、鸭绿江等12条国际河流和兴凯湖、天池、贝尔湖3个界湖。水资源总量1888.21亿m³,其中地表水1612.04亿m³,地下水625.53亿m³。地处温带、寒温带大陆性季风气候区,多年平均降雨量300～950 mm,时空分布不均匀。东部山区700～950 mm,三江平原500～600 mm,松嫩平原西部平原区仅300～400 mm。降水多集中在7、8月,约占全年降水的50%以上,6—9月汛期降水占全年降水的70%以上,且多以集中降雨形式出现,降水的年际变化亦较大,最大与最小年降水量之比有的达3倍以上,有明显的丰枯水期交替发生。河流封冻期一般在10月中旬至11月下旬,解冻期一般在3月中旬至4月中旬,冰厚一般为0.5～1.0 m,最厚可达1.5 m。冻土深度北部为1.7～3.0 m,南部为0.9～2.0 m。

土壤类型复杂,分布较广的地带性土壤有棕色针叶林土、暗棕壤、棕壤、黑土、黑钙土、栗钙土,非地带性土壤有草甸土、沼泽土、白浆土和盐碱土等[①]。其共同特征是土壤表层腐殖质含量丰富,土壤肥沃,是世界仅有的三大黑土区之一,并且多分布在波状起伏的漫岗漫坡地形（坡度一般在1°～5°）,母质以粗粉沙、黏粒为主,具有黄土特性。主要农作物有玉米、大豆、水稻等;旱地为

---

① Zhang S-W（张树文）,Zhang Y-Z（张养贞）,Li Y（李颖）,*et al*.Spatial-temporal Characteristics of Land Use/Cover in Northeast China.Beijing:Science Press,2007(in Chinese).

雨养农业,多采用顺坡耕作和横坡耕作 2 种耕作方式。

区内松花江水系总体为轻度污染,主要污染指标为高锰酸盐指数(COD_{Mn})、石油类和五日生化需氧量(BOD_5);辽河水系总体为重度污染,主要污染指标为氨氮(NH_3-N)、BOD_5 和 COD_{Mn}。

(二)资料来源

利用 2 个中文数据库"中国期刊全文数据库"、"维普中文科技期刊"和 2 个英文数据库"Elsevier-ScienceDircet 全文数据库"、"SpringerLink 数据库"进行文献检索;检索日期≤2015 年;检索范围"关键词(key words)"、"题名(title)"、"摘要(abstract)";检索词为"面源(nonpoint source)"+表征词,如:行政区名称、主要河流、湖泊、水库等。然后通过文献管理软件(ENDNOTE X2)进行文献信息管理,按发表年份进行分组统计,共检索到有关东北地区面源污染和富营养化文章 83 篇,具体年际分布见图 1-1。

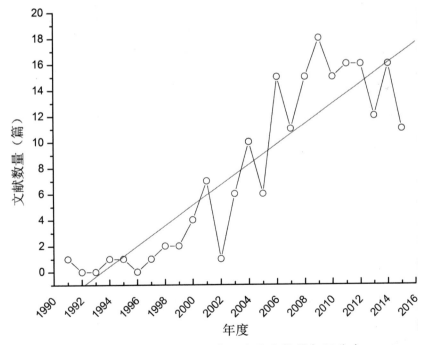

图 1-1 东北地区面源污染研究论文数量年际分布

结合文章内容，简单归纳为 5 类，即：影响评价类、负荷量化类、机理探索类、模型模拟、防治措施类（见表1-2）。2016 年更新统计数据显示，与 2010 年统计 1991—2008 年文献数据比较，污染防治类与机理探索类文献所占总文献比例不变；影响评价类文献比例由 47% 降到 33%；负荷量化类与防治措施类文献所占比例分别由 20% 上升到 29%，11% 上升到 17%。面源污染对水环境的影响业内已达成共识，负荷量化依然是防治之基，模型模拟面源污染负荷、影响及治理效果成为不二选择，机理探索和污染防治任务艰巨。污染源调查分析与影响评价所占比例较大，污染负荷量化其次；污染物输移机理、模型模拟比重较小，有关面源防治措施研究最少，是面源污染研究领域的弱项。这与我国面源污染研究状况相一致。

表1-2 东北地区面源污染研究分类

分类	2009 年统计		2016 年统计	
	数量	比例（%）	数量	比例（%）
影响评价/Evaluating	39	47	58	33
负荷量化/Quantification	17	20	50	29
机理探索/Mechanism	12	14	24	14
模型模拟/Modeling	9	11	29	17
污染防治/Practices	6	7	13	7

东北地区的面源污染主要研究单位有中国科学院东北地理与农业生态研究所、中国科学院沈阳应用生态研究所、东北师范大学、吉林大学等。

（三）研究进展

我国东北地区面源污染专项研究始于 20 世纪 80 年代末、90 年代初。"九五"期间，中国科学院资源与生态环境重点项目"城市饮用水水源地保护研究"，是首个东北地区的面源污染研究项目，主要研究对象为城市饮用水水源地松花湖和新立城水库，项目开展产生的系列成果,是 1998—2001 年面源文献数量持续增长的直接原因;而"十五"期间,国家自然科学基金项目"东北黑土带农业面源污染负荷研究"和吉林省、辽宁省科技发展计划项目的实施再次让文献数量上扬,2009 年见刊文献 18 篇,达到顶峰。受面源项目数量、开展期限及文章发表周期的影响,东北地区面源污染研究成果表现为跳跃式变化,但总体为增加趋势。反映了东北地区对面源污染研究的日益重视;同时也反映了随着点源污染得到较好控制,面源正成为改善区域水环境水质问题的关键。

我国东北地区面源污染研究相对落后于太湖、滇池、三峡库区等,目前处于起步阶段。

1. 水环境污染源调查与评价

我国开展面源研究近 30 年,但面源污染控制和治理大多停留在理论研究阶段,研究成果很难推广应用。除了面源污染本身的复杂性,缺乏大量污染现状调查也是脱节原因之一[①]。纵观国内外面源污染研究进展,数据收集、现状调查、污染源定性是面源污染防治的基础。因此,东北地区面源污染研究集中在污染源调查与评价的定性阶段是宏观掌握区域污染现状、有的放矢进行污染治理的依据;是面源污染研究的必经阶段。

东北地区面源污染研究始于辽宁省大伙房水源供水工程的环境影响评价,通过对大伙房水库上游污染源调查及包括总氮(TN)、总磷(TP)、叶绿素 α、溶解氧(DO)、浮游植物、底栖动物等17 项水质指标的监测分析,结果显示,水库 1979—1985 年连续发生不同程度的藻花现象,水库水质营养状况属于中-富营养型[②];

---

① Hao F-H(郝芳华),Chang H-G(程红光),Yang S-T(杨胜天). Non-Point Source Pollution Model:Theory, Methods and Applications. Beijing:China Environment Science Press,2006(in Chinese).

② Zhang M(张鸣). Analysis of impact of upstream reservoir pollution control on water quality. *Environment Protection Science*(环境保护科学),1991,17(1):16—20(in Chinese).

1979—1999 年大伙房水库监测结果显示,磷是水库中限制性营养盐,其来源主要是农田地表径流、上游城镇污水[1];在外源营养物中,种植业、养殖业、林业的氮输入占水库总输入量的 86%,输入水库磷营养物最多的为城镇生活污水、林业、农业活动,占总输入量的 78%[2];面源已经成为大伙房水库水质的主要有机污染来源。辽宁省水库水体多为中营养状态,有的甚至已达到富营养状态,2000 年清河水库Ⅳ类水质,而汤河水库、柴河水库、葠窝水库Ⅲ类水质,除已知的点源污染(主要为工业和生活污水),面源污染(主要为农药、化肥、畜禽粪便和水土流失形成的污染)正成为制约辽宁省水环境能否整体提高的决定性污染源。吉林省长春市的饮用水源地之一新立城水库 1991 年调查结果显示,暴雨期间 TN、TP 分别占总负荷的 34% 和 23%,水库流域耕地化肥施用量(实物量)552 kg·hm^{-2},除草剂 0.8 kg·hm^{-2}[3];新立城水库主要污染源是库区周边畜禽养殖、农田径流[4];2007 年 7 月初,水库发生大规模蓝藻水华现象,经现场查验、化验分析和专家论证,蓝藻占 62.5%,绿藻 25%,其他占 12.5%,新立城水库呈现富营

① Zhao G-H(赵国华),Zhang Z-J(张志军). A trend and prevention measure of pollution of nitrogen and phosphorous in the Dahuofang reservoir. *Environmental Monitoring in China*(中国环境监测),2001,17(1):49−51(in Chinese).

② Cui S-F(崔双发),Li S-Y(李树滢),Cao Y-K(曹月坤),*et al*. Nitrogen and phosphorus flows and their budgets in Dahuofang reservoir. *Fisheries Science*(水产科学),2004,23(6):31−33(in Chinese).

③ Zhang Y-Z(张益智),He Y(赫颖). Study on nonpoint source pollution in Xinlicheng reservoir. *Jilin Water Resource*(吉林水利),1994,(8):31−33(in Chinese).

④ Yang A-L(杨爱玲). Protection of Urban Drinking Water Surface Resource:A Case Study of Northeast China. PhD Thesis. Changchun:Northeast Institute of Geography and Agroecology,CAS,2000(in Chinese).

养化状态①;面源污染俨然成为影响水库水质的重要污染源。长春市另一重要饮用水源地石头口门水库水质 2001—2006 年常规监测,TP 超标率 100％,TN、NH₃-N 超标率分别为 92％和 75％,各期综合水质状况为Ⅲ类,未达到其Ⅱ类水质控制目标,水体显现富营养化趋势;通过实地调查,发现库区化肥、农药的不合理使用以及畜禽粪便、农村生活垃圾和污水等的不合理排放是造成水环境污染的主要原因,应用农业面源污染发生潜力指数模型(AP-PI,agricultural non-point source pollution potential index)评价,划分了面源污染的优先控制区②;利用主成分分析法确定了石头口门水库汇水流域水环境以有机污染为主③。松花湖 1979—1997 年水质污染因子由 COD$_{Mn}$ 逐渐转向 TP,湖区坡耕地面积占总耕地水土流失面积的 32％,化肥施用量从 20 世纪 60 年代 30 kg·hm⁻²,增加到 20 世纪 90 年代的 75 kg·hm⁻²,森林覆盖率从 63％下降到 51％④;松花湖内沉积物中汞(Hg)污染在点源

①　Li Q-S(李青山),Su B-J(苏保健). Analysis and control measures of algae pollution in Xinlicheng reservoir. *Journal of China Hydrology*(水文),2008,28(6):45—46(in Chinese).

②　Meng D(孟丹),Wang N(王宁),Liu Z-F(刘振峰). Evaluation on agricultural non-point source pollution potential in Shuangyang river catchment of Shitoukoumen reservoir. *Journal of Agro-Environment Science*(农业环境科学学报),2008,27(4):1421—1426(in Chinese).

③　Li J(李俊),Lu W-X(卢文喜),Cao M-Z(曹明哲),*et al*. Application of principal component analysis in water environmental quality evaluation of Shitoukoumen reservoir in Changchun city. *Water Saving Irrigation*(节水灌溉),2009,(1):15—17(in Chinese).

④　Wang N(王宁),Yu S-X(于书霞),Zhu Y-M(朱颜明). Study on the water quality polluting and contributing factors of Songhua Lake. *Journal of Northeast Normal University*(东北师大学报自然科学版),2001,33(1):64—69(in Chinese).

污染基本得到控制时，内源解吸形成二次污染[①]。黑龙江省镜泊湖受面源污染影响，营养盐含量增加较快，一旦温度合适，有爆发藻花趋势[②]。

农田是松花江流域的主要污染源，流域 TP 的面源污染负荷远远超过点源，而 NH_3-N 和化学需氧量（CODCr）的点源污染负荷则大于面源[③]；而作为"三河"之一的辽河，1999 年，整体而言面源污染不是最主要因素，但在辽河内蒙古段，面源已经成为最主要的污染因素[④]。

面源污染对地表水环境的危害可以通过现象简单判断，而对地下水的污染难以观测和确定。张水龙和庄季屏[⑤]通过野外实验、定点观测，认为降雨-地表径流-土壤三者之间的相互作用容易引起严重的土壤侵蚀和地表溶质随地表径流的流失，可能造成辽西易旱区地表水的污染，而在降雨充沛、地下水位较高年份，暴雨会导致大量的土壤水向下淋溶，伴随溶质的深层运移，威胁地下

① Wang N（王宁），Zhu Y-M（朱颜明）. The survey on non-point source pollution of heavy metals in Songhua Lake. *China Environmental Science*（中国环境科学），2000，20(5)：419－421(in Chinese).

② Li H-Y（刘鸿雁），Xu Y-L（徐云麟）. Preliminary observations of algal growth and lake eutrophication in Jingbo lake. *ACTA Ecological Sinica*（生态学报），1996，16(3)：195－201(in Chinese).

③ Yue Y（岳勇），Cheng H-G（程红光），Yang S-T（杨胜天），*et al*. Integrated assessment of nonpoint source pollution in Songhuajiang river basin. *Scientia Geographica Sinica*（地理科学），2007，27(2)：231－236(in Chinese).

④ Wang B（王波），Zhang T-Z（张天柱）. Estimation of nonpoint source pollution loading in Liaohe basin. *Chongqing Environment Science*（重庆环境科学），2003，25(12)：132－134(in Chinese).

⑤ Zhang S-L（张水龙），Zhuang J-P（庄季屏）. Forming law of agricultural non-point sources pollution of typical watershed in Liaoxi arid area. Journal of Soil and Water Conservation（水土保持学报），2001，15(3)：81－84(in Chinese).

水环境质量。

2. 面源污染负荷量化及模型模拟

面源污染负荷量化是了解、掌握面源污染状况和水环境质量管理的基础,也是面源污染研究的难点和热点[1],为了更好地控制和管理流域水环境,必须对面源污染负荷进行量化,即使是粗略的估算也具有现实意义[2]。面源污染负荷量化方法经历了野外小区监测、人工降雨模拟、数学模型模拟 3 个演变阶段,目前是多种方法并存,并且同时使用多个模型、方法进行比较。

张益智和赫颖[3]应用质量平衡原理,通过建立新立城水库输入输出平衡模型,考虑点源和水库自净影响,得到 1991 年由面源进入水库的 $CODCr$ 为 7841 t,$BOD5$ 709 t,凯氏氮 495 t,酚 1.45 t;岳勇等[4]结合 RS 和 GIS 技术,利用二元结构模型对 2000 年松花江流域面源污染负荷进行了计算与结果验证;沈万斌等[5]

① Daniel TC, Mcguire PE, Bubenzer GD, *et al*. Assessing the pollutional load from nonpoint source: planning considerations and a description of an automated water quality monitoring program. *Environmental Management*, 1978, 2(1): 55—65.

② Ichiki A, Yamada K, Ohnishi T. Prediction of runoff pollutant load considering characteristics of river basin. *Water Science and Technology*, 1996, 33(4—5): 117—126.

③ Zhang Y-Z(张益智), He Y(赫颖). Study on nonpoint source pollution in Xinlicheng reservoir. *Jilin Water Resource*(吉林水利), 1994, (8): 31—33(in Chinese).

④ Yue Y(岳勇), Cheng H-G(程红光), Yang S-T(杨胜天), *et al*. Integrated assessment of nonpoint source pollution in Songhuajiang river basin. *Scientia Geographica Sinica*(地理科学), 2007, 27(2): 231—236(in Chinese).

⑤ Shen W-B(沈万斌), Yang Y-H(杨育红), Jin G-H(金国华). Environmental impact assessment of ammonia nitrogen pollution of agricultural non-point sources in Jilin province. *Journal of Yunnan Agricultural University*(云南农业大学学报), 2007, 22(4): 574—576(in Chinese).

运用污染物输出系数模型计算了 2001 年吉林省农业面源污染氨氮负荷为 19.4×10^4 t，其中畜禽养殖氨氮排放负荷 10.7×10^4 t，耕地氨氮流失量 5.5×10^4 t，农业生活排放量 3.2×10^4 t；杨育红等[23]根据第二松花江流域水文特点，利用流域出口断面 1985—2006 年水文和水质监测数据，提出用"二源分割法"计算第二松花江流域面源污染负荷，得到流域平均每年输出面源 COD_{Cr} 负荷为夏汛期 8.7×10^4 t，春汛期 1.4×10^4 t；杨育红和沈万斌[①]以 2000—2004 年吉林省 4 大水系 15 条河流 65 个监测断面统计监测资料为基础，考虑污染物自然衰减作用，运用"两点法"，得到吉林省面源 COD_{Cr} 污染负荷 1444 m^3 s^{-1}，其中松花江水系 803 m^3 s^{-1}，图们江水系 10^8 m^3 s^{-1}，辽河水系 372 m^3 s^{-1}，浑江、鸭绿江水系 160 m^3 s^{-1}；孟丹等[②]利用污染物输出系数法估算了石头口门水库双阳河流域农业面源氮磷污染负荷，其中，化肥氮磷排放量 9512 t a^{-1}，畜禽氮磷排放量 30731 t a^{-1}，居民氮磷排放量 1645 t a^{-1}；李海杰[③]运用农业面源污染模拟模型 AnnAGNPS（Annualized Agricultural Nonpoint Source）对吉林省双阳水库汇水区 2006 年农业面源污染进行了研究，模拟结果总氮 342 t a^{-1}，

①　Yang Y-H（杨育红），Shen W-B（沈万斌）. Preliminary study on estimating surface water non-point source pollution loads. *Journal of Jilin University（Earth Science Edition）*（吉林大学学报地球科学版），2006，36(Sup)：105－107(in Chinese).

②　Meng D（孟丹），Wang N（王宁），Liu Z-F（刘振峰）. Evaluation on agricultural non-point source pollution potential in Shuangyang river catchment of Shitoukoumen reservoir. *Journal of Agro-Environment Science*（农业环境科学学报），2008，27(4)：1421－1426(in Chinese).

③　Li H-J（李海杰）. Study on Agricultural Non-Point Pollution in Shuangyang Reservoir Catchment of Jilin Province. PhD Thesis. Changchun：Jilin University，2007(in Chinese).

总磷 26 t a^{-1},泥沙量 43692 t a^{-1}。王波和张天柱[①]运用输出系数模型估算辽河流域面源污染负荷为 TN 1.1×10^4 t,TP 0.6×10^4 t,COD 15.62×10^4 t;胡成和潘美霞[②]利用平均浓度法计算了辽河流域城市径流总量 26986 t a^{-1},污染物排放量分别为:COD 62770 t a^{-1},NH$_3$-N 1552 t a^{-1},TN 4318 t a^{-1},TP 6908 t a^{-1};张水龙[③]利用描述产污过程的数学模型,以辽宁西部的下河套小流域为研究对象,给出了基于流域单元的农业面源污染负荷计算过程,认为一级流域单元对流域污染的贡献最大,是需要加强管理的区域;袁宇等[④]提出点源与面源简易分割技术,从月径流量与月通量相关关系确定丰水期面源比例系数,以辽东湾大凌河为例,计算了 2003 年由大凌河进入辽东湾的主要面源污染物入海通量。张军[⑤]应用美国农业面源管理与化学径流模型(CREAMS)模拟镜泊湖流域营养物质总流失量为颗粒态 TN 5374 kg a^{-1},TP 2719 kg a^{-1},溶解态 TN 134 kg a^{-1},TP 638 kg a^{-1}。

中国东北地区目前应用最多的面源污染负荷量化方法属于

①　Wang B(王波),Zhang T-Z(张天柱). Estimation of nonpoint source pollution loading in Liaohe basin. Chongqing Environment Science(重庆环境科学),2003,25(12):132－134(in Chinese).

②　Hu C(胡成),Pan M-X(潘美霞). Evaluating urban non-point source pollution load. Journal of Meteorology and Environment(气象与环境学报),2006,22(5):14－18(in Chinese).

③　Zhang S-L(张水龙). Calculating agricultural non-point source pollution load based on watershed unit. Journal of Agro-Environment Science(农业环境科学学报),2007,26(1):71－74(in Chinese).

④　Yuan Y(袁宇),Zhu J-H(朱京海),Hou Y-S(侯永顺),et al. Research on analysis method of non-point source contribution of land-based pollutants fluxes. Research of Environmental Sciences(环境科学研究),2008,21(5):169－172(in Chinese).

⑤　Zhang J(张军). Study of Non-Point Source Pollution in Jingbo Lake Reach. Master's Thesis. Changchun:Northeast Normal University,2006(in Chinese).

经验型模型,不涉及污染的具体过程和机理,仅与模型的输入、输出有关,其数据处理方法简便,虽然误差较大,但适用于年均污染负荷量的估算,对面源污染管理具有实际指导意义[①]。缺乏有关区域气候、地形、土地利用和管理措施的数据量和数据精度,常用物理型面源污染模型(SWAT模型、AnnAGNPS模型)在东北地区得不到很好的校准和验证,限制了此类数学模型的广泛应用。

3.机理探索

面源污染物主要有营养盐(氮、磷)、泥沙、有毒有害物、重金属、病菌等。其中,氮磷是水质恶化的两种主要来自农业活动的污染物,也是面源研究较多的物质,其迁移转化规律和形成机理是进行面源模拟、评价、监测和治理的理论基础[②]。

王宁等[③]研究显示,地表覆盖是面源污染产生的重要影响因子,在松花湖流域同样雨量条件,不同坡度、不同植被覆盖土地的污染物流失量显著不同,缓坡旱田TN、TP流失量是陡坡林地的2～4倍;张水龙和庄季屏[④]以土壤水文界面过程理论为基础,研

① Zhang Q-L(张秋玲),Chen Y-X(陈英旭),Yu Q-G(俞巧钢),*et al*. A review on non-point source pollution models. *Chinese Journal of Applied Ecology*(应用生态学报),2007,18(8):1886-1890(in Chinese).

② Wang Z-M(王宗明),Zhang B(张柏),Song K-S(宋开山),*et al*. Domestic and overseas advances of nonpoint source pollution studies. *Chinese Agricultural Science Bulletin*(中国农学通报),2007,23(9):468-472(in Chinese).

③ Wang N(王宁),Zhu Y-M(朱颜明),Li S(李顺). Analysis of dynamic variations and forming reasons of nourishment material in Songhua Lake. *Research of Environmental Sciences*(环境科学研究),1999,12(5):27-30(in Chinese).

④ Zhang S-L(张水龙),Zhuang J-P(庄季屏). Forming law of agricultural non-point sources pollution of typical watershed in Liaoxi arid area. *Journal of Soil and Water Conservation*(水土保持学报),2001,15(3):81-84(in Chinese).

究了土壤中的农业化学物质跨介质转换造成的面源污染现象,着重分析了降雨-地表径流-土壤三者之间的相互作用,以及土壤水和地下水的相互作用,分析了辽西易旱区农业面源污染形成的规律,认为溶质载体的水分在土壤系统上的行为决定了溶质从土壤向水和其他环境介质的扩散;阎百兴等[1]研究了松嫩平原西部农田回归水中有机氯农药的分布特征,BHC(六六六,学名六氯环己烷,可简写为 HCH)以 β-BHC 为主,呈 β>α>γ>δ 规律,DDT(滴滴涕,学名二氯二苯基三氯乙烷)仅检出 p,p'-DDT,五氯硝基苯的检出率及残留量均很低,除 β-BHC,旱田回归水中 BHC 和 DDT 以溶解态为主,水田回归水悬浮物中 BHC 含量明显低于旱田径流中的含量,悬浮颗粒物粒径大小也是影响农田回归水中农药残留的重要因素;严登华等[2]系统分析了东辽河流域地表水体中莠去津(Atrazine)含量和富集特征的时空分异,在干流右侧形成了连片的高值区,且在下游形成富集程度的集中高值区,从土壤类型影响看,低位泥炭土的综合表征指数较高,从景观格局看,随着斑块间相互作用能力增强,水中 Atrazine 的综合表征指数逐渐升高;王浩正等[3]说明了松辽流域沉积物中主要有机氯农药为六六六(HCH),都是被好氧微生物降解后通过地表径流进入河水并沉积到河流底层的,值得注意的是松辽流域 γ-HCH 含量较

① Yan B-X(阎百兴),Tang J(汤洁),He Y(何岩). Distribution characteristics of metabolites of BHC and derivatives of DDT from the agricultural runoff in the western Songnen Plain. *Environmental Science*(环境科学),2003,24(2):82—86(in Chinese).

② Yan D-H(严登华),He Y(何岩),Wang H(王浩). Environmental characteristics of the Atrazine in the waters in East Liaohe river basin. *Environmental Science*(环境科学),2005,26(3):203—208(in Chinese).

③ Wang H-Z(王浩正),He M-C(何孟常),Lin C-Y(林春野),et al. Distribution characteristics of organochlorine pesticikes in river surface sediments in SongLiao watershed. Chinese Journal of Applied Ecology(应用生态学报),2007,18(7):1523—1527(in Chinese).

高,存在一定的生态风险;唐艳凌和章光新[1]则利用去趋势典范对应分析方法(DCCA)探讨了影响流域单元农业面源污染过程的主导景观因子以及农业面源污染过程在这些景观因子梯度上的演变规律,指出典型的农业景观区域农业面源径流输出以溶解态氮磷为主要特征,森林、耕地和居民建设用地复合区域以硝态氮和悬浮颗粒结合态有机氮为主,森林景观以可溶性有机氮为主,以多种景观类型复合为特点的库区以颗粒态磷为主。

另外,李宏伟等[2]、张丰松等[3]对松花江总汞及各种形态汞的研究也反映了东北地区面源重金属的时空分布和转化规律,沉积物再悬浮是影响松花江水悬浮颗粒态汞和总汞时空分布的主要因子;其他有关我国东北地区尤其是在中国科学院三江平原沼泽湿地生态试验站开展的氮磷、土壤水热条件变化的系列研究,将对我国东北地区面源污染物的迁移转化机制提供参考价值。

4. 防治措施

面源污染与点源污染相比,受降雨强度和土地利用方式影响很大,决定了面源污染治理主要应集中在土地和径流管理措施方面,首先是要将面源污染限制在发生源头,其次是过程拦截,而不是末端式的污水处理,具有显著的面源污染防治特征。

---

① Tang Y-L(唐艳凌),Zhang G-X(章光新). Relationships between watershed unit landscape pattern and agricultural non-point source pollution. Chinese Journal of Ecology(生态学杂志),2009,28(4):740－746(in Chinese).

② Li H-W(李宏伟),Yan B-X(阎百兴),Xu Z-G(徐治国),et al. Spatial and temporal distribution of total mercury(T-Hg) in water of Songhua River. Acta Scientiae Circumstantiae(环境科学学报),2006,26(5):840－845(in Chinese)

③ Zhang F-S(张丰松),Yan B-X(阎百兴),He Y(何岩),et al. Speciation of mercury in water and sediments from the Songhua River during the icebound season. Wetland Science(湿地科学),2007,5(1):58－63(in Chinese).

贾宏宇等[①]对辽阳市平原地区农村水塘系统污染现状、面源污染物迁移途径、控制方法进行了初步研究,提出尽可能延长散放的农村生活污水的地表漫流过程,相当于增加了多个污水土地处理系统单元,有助于生活污水的自然净化,并且农村生活污水中多含 COD 和氮磷等营养物质,有毒有害物质(重金属及多环芳烃等)含量极小,不会造成土壤污染,研究发现,水稻田对来自旱田径流中的氮磷具有明显的截留作用,既可提高肥料使用效率,又防治农业面源污染,是我国东北平原地区防治农业面源污染的有效措施;郭跃东等[②]以扎龙湿地典型河段为研究区,建立湿地空间净化模型,研究了湿地对补给径流中 TN 、TP 及磷酸盐磷(PO_4^{3-})净化作用的时空变化规律,夏季湿地河段对水体 TN 的净化能力要高于春季,对 PO_4^{3-} 有持续净化作用,但湿地系统的生态环境功能存在一定的阈值,应合理利用自然湿地的污染物净化功能;沈万斌等[③]依据吉林省生态省建设的不同规划期地表水达标任务,以松花江吉林省段为例,综合考虑点源和面源污染,建立地表水环境优化管理模型,遵循先点源后面源的控制原则,提出了 3 个优化管理方案,模拟结果显示,点源污水完全达标排放、城镇污水处理厂污染物按一级排放标准排放,只能使 85% 的监测断面满足其水域功能标准,而仅对面源浓度进行控制,足以使丰水期

① Jia H-Y(贾宏宇),Zhang Y(张颖),Guo W(郭伟),*et al*. Regulation of agricultural ponds on nonpoint source pollution. *Environmental Science and Technology*(环境科学与技术),2004,27(3):7—9(in Chinese).

② GuoY-D(郭跃东),He Y(何岩),Deng W(邓伟),*et al*. Purification of surface water nitrogen and phosphorus pollutants by Zhalong riparian wetland. *Environmental Science*(环境科学),2005,26(3):49—55(in Chinese).

③ Shen W-B(沈万斌),Yang Y-H(杨育红),Dong D-M(董德明). Optimal management of song hua river water in Jilin province. *Journal of Jilin University*(*Science Edition*)(吉林大学学报理学版),2007,45(6):1043—1045(in Chinese).

100％断面达标。

我国东北地区尤其是漫坡漫岗的黑土区,以顺垄耕作为主,雨养坡耕地面源污染主要是由降雨引起的地表径流和土壤侵蚀,因此所有治理水土流失的水保措施都兼有防治面源的功能[①]。东北黑土区水土流失综合防治试点工程项目(2003—2005 年)的实施,以坡耕地为治理重点,采取了顺坡垄改水平垄、修建植物地埂、坡式梯田和水平梯田等工程措施;沟道治理有沟头防护、谷坊、塘坝等,效果显著。2006 年水利部批复了《东北黑土区水土流失综合防治规划》,这将切实控制人为造成的新的水土流失,加快水土流失的防治速度。研究显示农地的水土保持措施,可使土壤流失量减少 90％[②],一般梯田拦蓄径流的效益达到 95％以上[③]。因此,有效控制土壤移动,也就有效地控制了因土壤侵蚀而引起的面源化学物质的污染。

东北地区的面源污染防治措施仅限于工程措施和对策建议,对水质管理措施以及综合管理措施,例如,国外广泛使用的最佳管理措施,及其效益预测和评价研究较少。

(四)研究不足和展望

1.研究不足

我国东北地区面源污染研究虽然起步较晚,但处于上升期,研究内容全面,污染物涉及氮磷、泥沙、农药、重金属等方面;同时考虑了面源对地表水和地下水的环境影响;研究方法从固定小区

---

① Siepel AC,Steenhuis TS,Rose CW,*et al*. A simplified hillslope erosion model with vegetation elements for practical applications. *Journal of Hydrology*,2002,258(1—4):111—121.

② Hudson NW. Trans. Dou B-Z(窦葆璋). Soil Conservation. Beijing:Science Press,1975(in Chinese).

③ Jing K(景可),Wang W-Z(王万忠),Zheng F-L(郑粉莉). Soil Erosion and Environment in China. Beijing:Science Press,2005(in Chinese).

测量、河流湖库实地监测等经验方法到模型模拟,取得的研究成果集中在吉林省、辽宁省和黑龙江省;但也存在防治措施主要以水土保持措施为主,缺乏有针对性的国内外应用广泛的治理面源污染的最佳管理措施(BMPs)的研究;面源污染物在地下水的运移规律研究较地表水研究少;污染负荷量化粗略;内蒙古东四盟地区面源研究欠缺等不足。

国外最佳管理措施的应用评价系统非常完善,Centner 等[①]全面介绍了 14 种减少水环境污染的最佳管理措施,从减少化肥补贴、过度使用罚款、财政激励等方面阐述了最佳管理措施的推广应用需要政府积极干预。这对我国体制而言,易于实现,但后续管理措施的监管或工程措施的维护保养存在困难。

虽然我国广泛使用的水土保持措施兼有面源污染防治功能,但朱显谟院士[②]提出的水土流失"28 字"治理方针中"全部降水就地入渗拦蓄,米粮下川上塬(包括梯田、坝地),林果下沟上岔,草灌上坡下坬"多存在保一损一的现象,特别是在湖库流域内,各项水保措施对地表水资源量的影响仍需进一步的深入研究。同时还要大力发展面源污染防治的最佳管理措施:加强养分管理,严格执行测土施肥技术,推广合适的施肥时间、施肥量等农技教育;改善耕作措施和方式;规范化养殖业、改变饲养方式;修建河滨植被缓冲带、人工湿地、草皮水道等工程措施,尽可能将面源污染物控制在发生源地,或延长污染物进入受纳水体的过程。

目前,面源污染模型的提出和应用不是主要问题,关键在于模型的各种输入参数及数据难以满足,国外面源污染数学模型中

① Centner TJ, Houston JE, Keeler AG, Fuchs C. The adoption of best management practices to reduce agricultural water contamination. *Limnologica-Ecology and Management of Inland Waters*, 1999, 29(3): 366—373.

② Zhu X-M(朱显谟). The formation of Loess Plateau and its harnessing measures. *Bulletin of Soil and Water Conservation*(水土保持通报),1991,11(1):1—8(in Chinese).

的土壤侵蚀模块多采用的通用土壤流失方程(USLE)及修正通用土壤流失方程(RUSLE),是在美国上千名科学家近 40 年的小区监测数据基础上提出来,历经多次修订完善,仍在不断修订中,在世界范围内得到了迅速推广和应用[1]。鉴于我国水土保持建设的标准径流小区分布较广,并且具有典型性,可加以充分利用,开展以日为步长的长时间序列的土壤可蚀性、土壤质地、土地管理措施、作物覆盖等面源污染模型所需输入数据收集工作,以期建立和完善小流域基础数据库,为数学模型的应用和提出提供足够的数据。

面源污染机理研究更多集中在氮磷元素及其化合物的产生、输移及形态转化方面。由于氮磷元素的地球化学特征各异,两者污染机理不尽相同。通常磷流失与氮流失相差一个数量级,但对水环境富营养化的危害更大[2];国内外研究证实:氮常以溶解态在渗滤水中传输,而磷和土壤颗粒结合被输移[3][4];因此,加强水土流失控制,减少由土壤侵蚀产生的面源污染意义显著。

点源是松花江和第二松花江流域的主要污染源,但面源污染

① Laflen JM, Moldenhauer WC. Pioneering soil erosion prediction: the USLE Story. Thailand: World Association Soil and Water Conservation, 2003.

② Wither PJA, Lord EI. Agricultural nutrient inputs to rivers and ground waters in the UK: policy, environmental management and research needs. *Science of the Total Environment*, 2002, 282−283(1): 9−24.

③ Pionke HB, Gburek WJ, Sharpley AN. Critical source area controls on water quality in an agricultural watershed located in the Chesapeake Basin. *Ecological Engineering*, 2000, 14(4): 325−335.

④ Dou P-Q(窦培谦), Wang X-Y(王晓燕), Qin F-L(秦福来), Wang L-H(王丽华). Research on loss of nitrogen and phosphorus in watershed. *Anhui Agriculture Science Bulletin*(安徽农学通报), 2005, 11(4): 151−153(in Chinese).

所占比例逐年增加[①],需要深入研究面源污染预防和治理工作,防患于未然。

2.展望

区域性面源污染防治,必须以污染物的确定及负荷量化为基础。目前,我国东北地区面源污染研究处于模仿学习阶段,各种模型纷纷亮相;由于缺乏足够的基础数据和缺少对面源污染模型的不确定性分析,这些成果难以被决策者认可和采用。因此,今后东北地区面源研究重点是基础研究和存量发展两个方向:

1)基础研究是加强径流小区、地块、小流域尺度的研究,建立和丰富满足面源污染模型要求的数据库,为提高模型精度和提供满意的预测、评价拟采用措施的防治效果和经济效益做准备;加强第二大面源——城市地表径流及其污染物迁移、转化机理和预防治理工作;探索典型黑土区面源污染防治措施的建立和优选,为区域面源污染研究提供理论基础。

2)存量发展是在现有研究成果的基础上,加大多个模型和技术的综合比较,不断进行方法的改进和优化;探索新技术的应用,例如,土壤侵蚀研究中广泛使用的核素示踪技术(^{137}Cs、^{210}Pb$_{ex}$等)和"3S"(RS、GIS、GPS)技术在面源污染研究中的应用;尝试多元化、多领域、多学科交叉合作,为解决区域水环境问题提供科学依据。

① Yang Y-H(杨育红),Yan B-X(阎百兴),Shen B(沈波),*et al*. Study on load of nonpoint source pollution in the second songhua river basin. *Journal of Agro-Environment Science*(农业环境科学学报),2009,28 (1):161—165(in Chinese).

第二章　研究区概况及试验设计

第一节　莫家沟小流域研究区概况

　　莫家沟小流域位于吉林省长春市重要饮用水源地石头口门水库西岸,在水源地二级保护区范围内,辖莫家沟和十间房两个自然村,面积约 4.286 km²(见图 2-1)。总人口 126 人,人口密度 29 人/km²。自然植被为天然次生林,主要树种有柞树、蒙古栎、山杨、黑桦、糠椴、山楂、胡桃楸以及少量的色木槭、茶条槭等。常

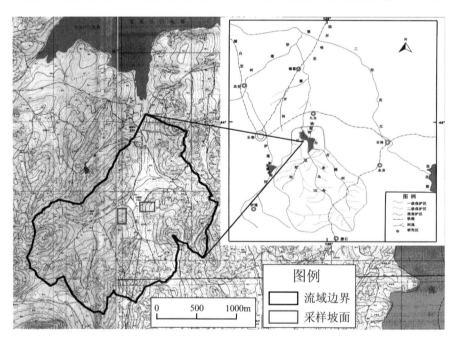

图 2-1　研究区位置图及选取坡面

见的灌木有毛榛、胡枝子以及山梅花、卫茅、丁香等属植物。草本植物种类很多,有鳞毛蕨、铃兰草、玉竹等。

一、气象水文

　　莫家沟小流域属温带大陆性季风气候区,受大气环流和冷暖气团的交替控制,四季气候变化明显,春季干燥多风沙,夏季温热多雨,秋季凉爽降温快,冬季漫长严寒。一年中寒暑温差大,春秋两季短促;冬季受西北季风和西伯利亚大陆气团影响,气候寒冷,日平均气温低于 0 ℃ 的时间从每年 11 月上旬到翌年 3 月下旬,长达 5 个月。根据石头口门水库气象站 1959—2008 年监测数据,流域多年平均降水量 642 mm,降雨多集中在 7、8 月,占全年 50%;6—9 月降雨量占全年的 80% 以上;春季降水量偏少,4—5 月仅占全年 10% 左右。1959—2008 年石头口门水库历年平均降雨量和月降雨量分别见图 2-2 和图 2-3。降雨量多年平均蒸发量

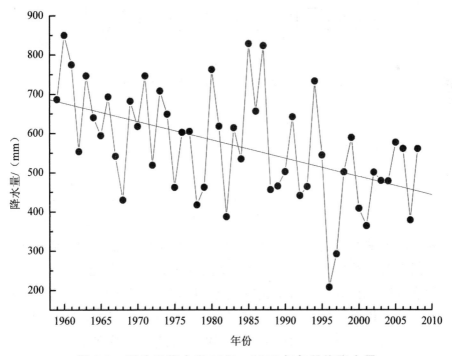

图 2-2　石头口门水库 1959—2008 年年平均降水量

1339 mm；平均年日照时数为 2576.7 h；平均气温 4.9℃，极端最高气温 36.2℃，极端最低气温－36.7℃；平均风速 3.4 m/s，最大风速 29 m/s；无霜期 143 d 左右；最大冻土层 166 cm。

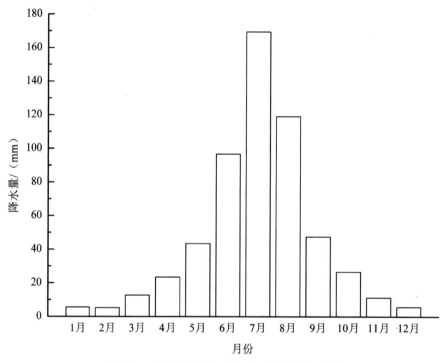

图 2-3　石头口门水库多年月平均降水量

二、地形地貌

莫家沟小流域位于东经 125°43′58.5″～125°46′2.1″，北纬43°53′29.2″～43°54′45.5″，海拔高度 187.5～305.0 m，属低山丘陵区。土壤类型主要有黑土、草甸土、冲积土、暗棕壤等；暗棕壤、冲积土的土壤质地略轻（表层主要是壤质黏土），其他土壤类型较黏重（黏壤土-壤黏土）；土壤容重范围 1.0～1.5 g/cm³；土壤机械组成约含粉砂（＜0.002 mm)5%、砂(0.002～0.05 mm)8%、黏土(0.05～2 mm)87%。区内土壤酸碱度测试大多呈现微酸性土壤，

pH 4.89～6.60,均值 5.60;孔隙度 40%～60%;有机质 1.7%～3.5%,暗棕壤表层有机质可达 10%～20%;土壤含速效 N 90～190 mg/kg,TN 0.09%～0.125%;速效 P 2.6～15 mg/kg,TP 0.05%～0.13%;速效 K 85～200 mg/kg,TK 1.83%～3.1%。

三、土地利用

以吉林省测绘局 2002 年版 1:10000 地形图为蓝图,经扫描仪半自动采集后,经过地理坐标配准校正。运用美国 ESRI 公司的 ArcGIS9.0 矢量化地形图,建立基于等高线和高程点不规则的三角网(Triangular Irregular Network,简称 TIN);再通过线性和双线性内插生成数字高程模型(Digital Elevation Model,缩写 DEM);然后利用 ArcGIS9.0 中的水文分析模块进行研究区边界提取,并利用数据组织的 Shapefile 方式完成小流域土地利用和坡度的空间数据采集。莫家沟小流域土地利用现状分为耕地、林(草)地、道路建筑及水域四类(见表 2-1)。

表 2-1　莫家沟小流域土地利用类型

类型	耕地	林(草)地	道路建筑	水域	总面积
面积(km²)	1.667	2.359	0.152	0.108	4.286
比例(%)	38.9	55.0	3.6	2.5	100.0

整个流域的土地利用类型和流域坡度分布见图 2-4。流域坡度在 0°～31.2°之间,耕地均为坡耕地,耕地中<5°的有 0.411 km²,占耕地总面积 24.65%;5°～8°的 0.602 km²,占 36.12%;8°～15°的 0.609 km²,占 36.52%;15°～20°的 0.044 km²,占 2.63%;>20°的 0.001 km²,占 0.08%。耕作方式多为横垄或斜垄耕作,作物以玉米连作为主,秋季收获后进行田间灭茬。每年 4 月底翻地、平整起垄、播种、除草等,翻动土层深度约为 25 cm,全年不再搅动土壤。9 月底收获玉米。1/10 秸秆作为薪柴贮藏,其他均堆

在道旁沟边,或就地田间点燃还田。无残茬覆盖和秸秆过腹还田等水土保持措施。

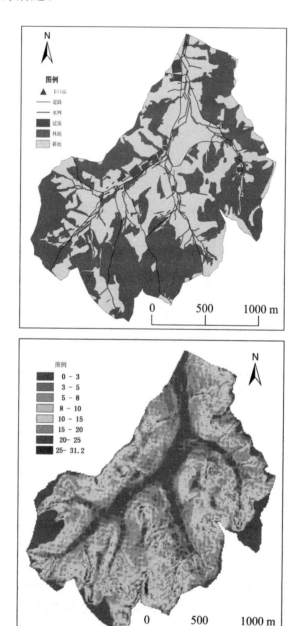

图 2-4 莫家沟小流域土地利用和坡度空间分布

四、化肥农药施用

莫家沟小流域耕地为典型的雨养旱地。20 世纪 80 年代以来,无机化肥施用量剧增,有机肥施用量逐年减少几乎为零。播种前,一次性施肥(15～20 cm 深度),无追肥。常用化肥有尿素、磷酸二铵、复合肥料等,施用量(实物)750 kg/hm²;折纯 N、P、K 肥分别为 130 kg、120 kg、90 kg。单位耕地面积施用化肥量(折纯)从不到 10 kg/hm²(1965)增加到 340 kg/hm²(2010),大于吉林省平均水平 300 kg/hm²(图 2-5)。

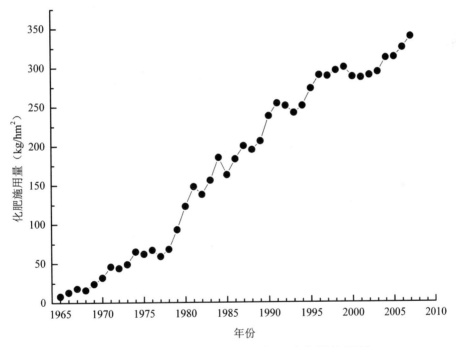

图 2-5   石头口门水库库区多年平均化肥施用量

作物出苗前施除草剂,常用农药有阿特拉津、乙草胺、丁草胺等,施用量一般为 1/2 瓶阿特拉津(500 g)＋1 瓶乙草胺(500 g/hm²)。1995—2005 年农药施用总量见图 2-6。

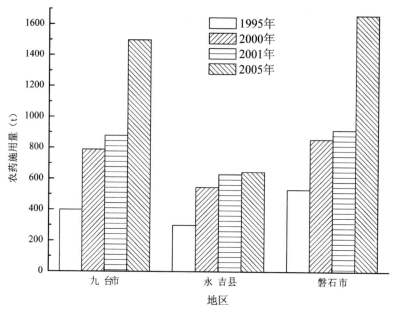

图 2-6 石头口门水库库区主要地区农药施用总量

第二节 试验设计和方法

一、样点选择和径流样品采集

在"东北黑土区水土流失综合防治一期工程饮马河流域吉林省长春市莲花山流域项目"的莫家沟小流域水土保持示范点,横垄和梯田措施分别是坡度<5°和5°~8°坡耕地采取的水土保持措施。选取横垄和修建梯田的两个坡面,安装移动小区,收集次降雨径流样品。小区设计为 1.5 m×10 m 和 1.5 m×20 m 两种,各重复 2 个。

每次降雨前,采集移动小区土壤表层(0~10 cm)样品约 200 g,新鲜土样密封保存;降雨-径流过程中,取每一径流小区产流不同时期径流样共约 1000 ml，进行混合，混合水样加 H_2SO_4，保持 pH<2，低温避光保存；真空过滤（滤膜孔径 0.45 μm），滤液用于测定径流溶解态 N、P；降雨-径流过程结束后，测量集流桶中集水体积，计算次降雨单位面积产流量。同时记录次降雨量和降雨时间，并收集雨水样 250 ml。未经真空过滤的样品测试 TN、TP。

二、测定项目和方法

土壤和水样的测定项目包括 TP、PO_4^{3-}-P、TN、NH_3-N、NO_3^--N。测试仪器采用紫外可见分光光度计（TU-1900）、水样 TP 过硫酸钾消解钼锑抗分光光度法、PO_4^{3-}-P 钼锑抗分光光度法、水样 TN 碱性过硫酸钾消解紫外分光光度法、NO_3^--N 酚二磺酸光度法、NH_3-N 纳氏试剂光度法、土壤 TN 凯氏消煮法、土壤 TP 采用酸溶-钼锑抗比色法。

第三章　土壤侵蚀及面源污染

土壤侵蚀与面源污染密不可分。农业面源污染是在近 100 a 土壤侵蚀研究基础上发展起来的,经历了从土壤学家对农业化学品在土壤中的行为及作用机理的农学意义研究到环境学家或从环境角度研究其环境意义的渐变过程。美国土壤侵蚀引起的水质污染已造成 22 亿～70 亿美元的经济损失(Corwin 等,1998)。PRT、CREAMS、ACTMO、EPIC、AGNPS、SWAT 等农业面源污染模型中的泥沙模块均采用通用土壤流失方程(USLE)或修正通用土壤流失方程(RUSLE)。农田土壤流失不仅严重污染水体,而且加剧土壤贫瘠,水土流失是农业面源防治的重要对象。

第一节　^{137}Cs 和 ^{210}Pb$_{ex}$ 核素示踪技术

核素示踪法是在不改变原始地貌的条件下,通过示踪元素含量的分布差异来研究土壤侵蚀的发生和分布规律,其分析精度和量化程度较高,不需要特殊的野外设施,能定量监测土壤侵蚀时空变化。在世界不同区域的广泛环境中,成功应用核武器爆炸产生的 ^{137}Cs 测算中长期(约 40 a)土壤侵蚀速率。欧洲许多地区很难区分出土壤中源于切尔诺贝利核事故的 ^{137}Cs、一些地区土壤中 ^{137}Cs 含量低测试困难等原因,稳定态的 ^{210}Pb$_{ex}$ 逐渐成为研究土壤侵蚀的良好示踪剂。

一、样品采集与分析

(一)背景样点和普通样点选取

理想的 ^{137}Cs 和 ^{210}Pb$_{ex}$ 背景点是既没有发生土壤侵蚀、流失或沉积,又无人为扰动的地点。坡顶平坦的荒草地是最佳选择。根据土壤核素示踪技术背景点选择的特殊要求,通过调查当地居民、实地踏勘和实验室分析,选择一老坟地作为背景点。该点为坡顶平缓台地,地面被灌丛、荒草覆盖,覆盖度在 95% 以上,枯落物下有完整的有机质层。据坟前所立碑铭显示,立碑时间道光十年(1850),其后人称近 100 年来没有培过土,一直处于自然状态,现场调查也未发现有人为扰动的痕迹。由于该地块地貌部位特殊,地形平坦,植被茂密,无产流和汇流条件,基本可以排除水力侵蚀和堆积的可能,是理想的 ^{137}Cs 和 ^{210}Pb$_{ex}$ 背景点。

普通样点选取两个坡面。分别在坡面上布置 3 条平行剖线,从坡上到坡底间隔 20~60 m 距离设置采样点。

(二)土壤样品采集与处理

土壤样品分为土壤全样和土壤分层样,每份样品均采集约 2000 g。背景点样品有 3 个分层样和 2 个全样,取样深度 30 cm;普通样点均为土壤全样,共计 27 个,采样深度为耕层深度,即 25 cm。

土壤全样是指包含所有核素赋存度的土壤样品,保证采样深度大于采样点核素赋存度。采样时,清除样点覆盖的杂草或作物秸秆等,用内径 5 cm,高 100 cm 的土钻取剖面样。

分层样与全样配合采集,采样工具一致,采集过程中将土芯按与地面平行方向分割成 2~5 cm 厚的小样,分别作好标签,待测各自的核素比活度。分层样各份样品核素面积活度累计值与该地点全样面积活度一致。

采集的土壤样品经自然风干、研磨、过筛(2.0 mm)、称重、装样后进入实验室分析阶段,待测核素活度。

(三)核素测定方法

^{137}Cs 和 ^{210}Pb$_{ex}$采用 γ 谱测定法,测试地点在中国农业科学院农业环境与可持续发展研究所 IAEA 环境放射性分析网络实验室,测试仪器为美国堪培拉公司(CANBERRA)生产的高纯锗(HPGe)探头多道 γ 能谱仪 BE5030。^{137}Cs(半衰期 30.2 a)直接用仪器测试,其特征峰能量为 662 keV,测量误差控制在±6%。测试^{210}Pb$_{ex}$的土壤样品需密封≥28 d,使^{226}Ra 与^{210}Pb$_{ex}$处于永久衰变平衡体系,总^{210}Pb 特征峰能量在 46.5 keV,^{226}Ra 在 609.3 keV,测量^{210}Pb$_{ex}$误差控制在±10%,测量时间控制在 80000 s 以上。

二、^{137}Cs 和^{210}Pb$_{ex}$核素示踪法

(一)^{137}Cs 核素示踪法

20 世纪 60 年代以来,^{137}Cs 等核素示踪技术在侵蚀泥沙研究中得到了广泛的应用,技术也日趋成熟,可以预测约 40 a 的土壤侵蚀强度。地表环境中的^{137}Cs 核尘埃,主要来源于 20 世纪 50—70 年代期间的大气核试验,半衰期 30.2 a。其中,1963 年沉降量最大,1970 年后的沉降量极微(Zapata,2002)。^{137}Cs 核尘埃主要随降水落到地表,随即被土壤颗粒吸附,基本不淋溶和不被植物摄取,其在土壤剖面中的损失与富集主要伴随被吸附土壤颗粒的物理运动而发生再分布(伏介雄等,2006)。^{137}Cs 示踪研究累积性土壤侵蚀过程在理论上和技术上都比较成熟,主要用于研究侵蚀速率、泥沙沉积速率、土壤净流失量,并建立了相应模型。农耕地土壤剖面中,^{137}Cs 基本均匀分布于犁耕层深度内(张信宝等,2007)。在国际上有重要影响的农耕地土壤侵蚀厚度模型是

Zhang 等(1990)提出的 1963 年以来的侵蚀总厚度模型。

$$C = C_0(1-h/H)^{y-1963} \tag{3-1}$$

式中:C 是侵蚀土壤剖面的 ^{137}Cs 面积活度(Bq/m²);C_0 是土壤 ^{137}Cs 本底面积活度值(Bq/m²);H 是犁耕层深度(cm);h 是土壤侵蚀厚度(cm);y 是土壤采样年份。

(二)$^{210}Pb_{ex}$ 核素示踪法

对于侵蚀严重地带或 ^{137}Cs 含量低于仪器检测值的地区,^{137}Cs 法预测土壤侵蚀具有一定的局限性。而自然界中广泛存在的天然放射性核素 ^{210}Pb 为 ^{238}U 衰变系列中的一种自然产物,半衰期为 22.26 a,其母体 ^{222}Rn 是惰性气体(半衰期 3.8 d)。^{222}Rn 是 ^{226}Ra(半衰期 1622 a)的衰变产物。^{226}Ra 自然存在于土壤和岩石中,土壤中的 ^{210}Pb 是一种源于土壤中 ^{226}Ra 的衰变,这部分 ^{210}Pb 与土壤中的 ^{226}Ra 相平衡。地壳表层土壤和岩石中的 ^{226}Ra 衰变产生的 ^{222}Rn 通过土壤孔隙和岩石裂隙动气,沿垂直浓度梯度通过分子扩散输送至地表,再逃逸至大气,在大气中通过 α 衰变成一系列子体 ^{218}Po、^{214}Pb、^{214}Bi、^{214}Po 及 ^{210}Pb,并很快被气溶胶吸附,参与大气混合和输送过程,^{210}Pb 在大气中的平均滞留时间为 5~10 d,然后通过干湿沉降到达地表,并被土壤颗粒所吸附。为了与土壤中 ^{226}Ra 衰变产生的 ^{210}Pb 相区别,大气沉降被土壤颗粒所吸附的 ^{210}Pb 通常称为外源性 ^{210}Pb(记为 $^{210}Pb_{ex}$),可以预测过去 100 a 的土壤侵蚀强度。由于 $^{210}Pb_{ex}$ 的物理、化学性质及其在土壤中的行为特征,使其成为研究土壤侵蚀的良好示踪剂,因此具有较广的应用前景。

某一特定区域 $^{210}Pb_{ex}$ 的大气沉降量主要与降水有关,因此有季节性差异,但长时期内 ^{210}Pb 的年沉降通量是相对一致的(Appleby 等,1978)。$^{210}Pb_{ex}$ 年沉降通量可以通过收集雨水样品或者通过采集上百年来未扰动土壤样品分析、测定 $^{210}Pb_{ex}$ 的含量得到,利用两种方法得到世界各地 $^{210}Pb_{ex}$ 的沉降通量变异性均很大。大多数研究者采用后一种方法,且假设自大气沉降的 $^{210}Pb_{ex}$ 都保留在表层土壤中,只通过放射性衰变损失,因此通过稳定土壤中 $^{210}Pb_{ex}$ 的存量 I(Bq m^{-2}),可以计算 $^{210}Pb_{ex}$ 的大气沉降量 J(Bq m^{-2} y^{-1}),即 $J=I/T$,其中 T 为 $^{210}Pb_{ex}$ 的平均放射性寿命。农耕地年均土壤流失厚度计算公式如下(Zhang 等,2006)。

$$h=H(A_{ref}-A)\lambda/A \qquad (3-2)$$

式中:h 为年均土壤侵蚀厚度(cm);A 为样点 $^{210}Pb_{ex}$ 面积活度(Bq/m^2);A_{ref} 为 $^{210}Pb_{ex}$ 背景值面积活度(Bq/m^2);λ 为衰减系数(0.0307);H 为犁耕层深度(20 cm)。

三、吸附态污染负荷计算方法

土壤侵蚀形成的吸附态污染负荷计算公式如下。

$$M_S=\rho_s \alpha h A L_S \qquad (3-3)$$

式中:M_S 是土壤吸附态污染负荷,kg;ρ_s 是土壤容重,g/cm^3;α 是泥沙输移比;h 是土壤侵蚀厚度,mm;A 是土地面积,km^2;L_S 是土壤物质含量,mg/kg。

第二节 土壤侵蚀强度

东北地区土地利用开发主要集中在 20 世纪以来的 100 年内(张树文等,2006)。传统的耕作方式、典型的漫坡漫岗和黄土特性的母质,水土流失十分严重(刘宝元等,2008)。确定土壤侵蚀速率是编制区域水土流失防治规划的理论依据,对水土资源保护具有重要意义。

一、^{137}Cs 和 $^{210}Pb_{ex}$ 背景值

土壤中核素的流失量与土壤的流失数量密切相关,在既没有侵蚀也没有淤积发生的地点,测定到的核素活度即为一个地区的

核素背景值。根据核素活度,可以定性分析或定量计算该地点的土壤流失量或堆积量。因此,核素背景值的确定是应用核素模型的关键。运用 SPSS 统计分析研究区 5 个背景样点的^{137}Cs 和^{210}Pb$_{ex}$背景值,结果见表 3-1。

表 3-1　莫家沟小流域背景值统计分析

	N	Mean（Bq/m²）	Standard deviation（Bq/m²）	SE mean（Bq/m²）
^{137}Cs	5	2918	420	210
^{210}Pb$_{ex}$	5	8954	360	180

研究区背景样点土壤分层剖面^{137}Cs 和^{210}Pb$_{ex}$核素活度分布见图 3-1。莫家沟小流域土壤剖面^{137}Cs 和^{210}Pb$_{ex}$活度随土壤深度增加呈现指数递减趋势,并且土壤表层核素活度最大,与核素分布基本规律一致。

^{137}Cs 和^{210}Pb$_{ex}$背景值与我国其他地区^{137}Cs 和^{210}Pb$_{ex}$背景值研究成果列于表 3-2。

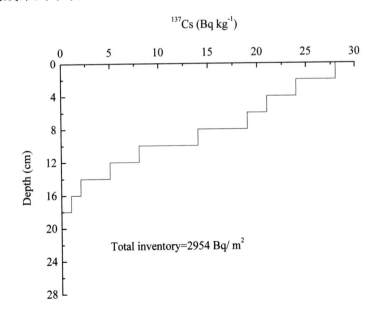

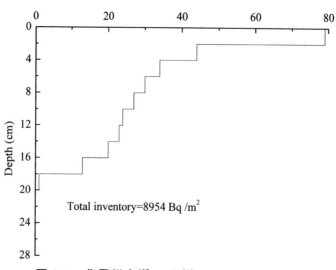

图 3-1　背景样点^{137}Cs 和^{210}Pb$_{ex}$活度垂直分布

表 3-2　国内主要^{137}Cs 和^{210}Pb$_{ex}$背景值研究汇总

位置	经度	度	降水量（mm/y）	背景值（Bq/m²）		来源
				^{137}Cs	^{210}Pb$_{ex}$	
黑龙江嫩江	125°18′E	49°01′N	539	2217		刘宝元等,2008
吉林德惠	125°52′E	44°43′N	528	2233		Fang 等,2006
吉林德惠	125°58′E	44°06′N	600	2464		阎百兴和汤洁,2005
吉林长春	125°45′E	43°53′N	642	2918	8954	本研究
北京密云水库	117°00′E	40°30′N	661	2446	6128	华珞等,2005
陕西子长	109°42′E	37°12′N	517	1990	5730	Zhang 等,2003a
陕西延安	109°31′E	36°42′N	550	2390		Li 等,2003
甘肃天水	105°18′E	34°30′N	517	1978		Zhang 等,2003b
陕西镇巴	107°54′E	32°12′N	1250	2430		Zhang 等,2003b
四川盐亭	105°30′E	31°15′N	825	2600		Quine 等,1992

位置	经度	度	降水量（mm/y）	背景值（Bq/m²）		来源
				^{137}Cs	^{210}Pb$_{ex}$	
重庆开县	108°24′E	31°12′N	1200	1796		Zhang 等，2003b
四川南充	106°06′E	30°48′N	1000	2036		Zhang 等，2003b
四川建阳	104°32′E	30°23′N	883	1820	12 860	Zhang 等 2006
四川内江	105°03′E	29°35′N	1064	2066	18 902	Zheng 等，2007
云南彝良	104°06′E	27°18′N	900	1510		Zhang 等，2003b
云南元谋	101°54′E	25°42′N	614	635		Zhang 等，2003b
云南牟定	101°30′E	25°18′N	850	920		Zhang 等，2003b
台湾青田岗	121°36′E	25°12′N	4500	5820	34 000	Huh 和 Su，2004

　　研究区^{137}Cs 和^{210}Pb$_{ex}$背景值分别为 2918 Bq/m² 和 8954 Bq/m²。地表层 0～2 cm 内核素赋存量较大，核素赋存深度为 0～30 cm。与我国其他地区研究成果相比，^{137}Cs 背景值较高，而^{210}Pb$_{ex}$背景值处于中等位置。表 3-2 数据显示，纬度在 40°～50°的^{137}Cs 背景值普遍高于低纬度地区^{137}Cs 背景值，而在纬度 40°～50°地区，^{137}Cs 背景值又随降水量的增加而增加。台湾青田岗由于地理、气候环境特殊，丰富的降雨和阴霾天气，极易使核素沉降，故^{137}Cs 和^{210}Pb$_{ex}$背景值都是中国最高值。不像^{137}Cs，有关^{210}Pb$_{ex}$的研究不多，目前，还没有研究显示其赋存量与纬度有关，但是普遍认为^{210}Pb$_{ex}$通量与区域气象条件有关。表 3-2 中 5 个^{210}Pb$_{ex}$背景值从高到低排列顺序与各个地区降水量密切相关。局地^{210}Pb$_{ex}$的沉降通量通常取决于局部地形和地方气候；而大范围内^{210}Pb$_{ex}$的空间沉降特征与降水总量的空间分布特征有关（Graustein 和 Turekian，1986）。但 Dörr（1995）认为欧洲^{210}Pb 沉降通量与海拔高度及年降水量没有显著相关关系，在空间上呈随机分布。这种矛盾的结论是对核素沉降通量缺乏足够的认识。

　　联合国科学委员会 1977 年关于原子辐射的影响报告中给出

全球^{137}Cs 分布状况,如图 3-2 所示[①]。目前还没有全球^{210}Pb$_{ex}$分布状况图,为更好推广^{210}Pb$_{ex}$在土壤侵蚀研究中的应用,应加强核素沉降及活度再分布机理研究,绘制全球重要核素的分布状况图。

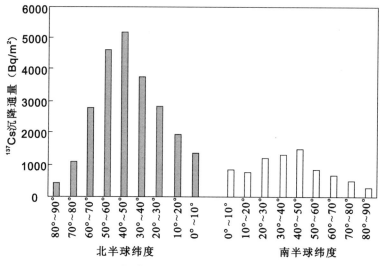

图 3-2　全球不同纬度^{137}Cs 沉降通量分布

从图 3-2 可见,北半球^{137}Cs 累积沉降量远远高于南半球^{137}Cs 累积沉降量,这是因为大多数放射性降尘是由北半球核试验产生的。受对流层放射性残骸以及从平流层迁移而来的放射性残骸分布受大气环流作用控制,北纬 40°～50°地区^{137}Cs 沉降量最大,超过 5000 Bq/m^2,赤道地区沉降量最小,不足 500 Bq/m^2。由于降雨量分布不均,在同纬度地区,核素^{137}Cs 沉降量也有差别,一般随年降水量增加而增加[②]。而特定区域核素沉降又取决于雨季的

①　United Nations. United Nations Scientific Committee on the Effects of Atomic Radiation. 32th Session（suppl）. No. 40（A/76/13）U-nited Nations,New York,1977.

②　Lance J C,Mclntye S C,Lowrance R R,et al. Cesium-137 measures erosion rates and sediment movement. 4th Federal Interagency Sedimentation Conference,1986,1－9.

气象条件和大气中放射性尘埃的量和出现高度。

二、土壤侵蚀速率

根据农田土壤样品的 ^{137}Cs 和 ^{210}Pb$_{ex}$ 单位面积活度分析结果，见图 3-3，应用公式（3-1）和（3-2），计算基于 ^{137}Cs 和 ^{210}Pb$_{ex}$ 核素的土壤侵蚀速率。

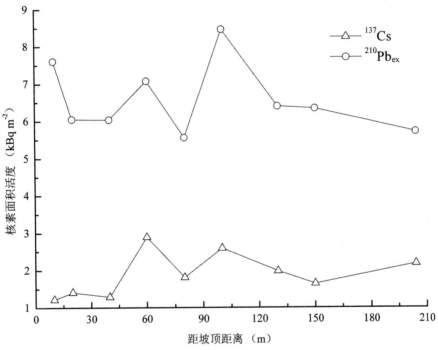

图 3-3 坡面土壤核素 ^{137}Cs 和 ^{210}Pb$_{ex}$ 单位面积活度

应用 ^{137}Cs 核素公式（3-1），计算坡面土壤侵蚀速率范围 0.04～2.87 mm/y，经加权平均计算坡面土壤侵蚀速率为 1.99 mm/y。应用 ^{210}Pb$_{ex}$ 核素公式（3-2），计算坡面土壤侵蚀速率 0.27～2.81 mm/y，加权平均坡面土壤侵蚀速率为 1.85 mm/y。由于核素分布起始年代和核素可预测年限的不同，^{137}Cs 仅能预测过去 40 a 的土壤侵蚀过程，而 ^{210}Pb$_{ex}$ 可以预测过去 100 a 的土壤侵蚀过程，理论上土壤侵蚀速率计算结果应该是 ^{137}Cs 较 ^{210}Pb$_{ex}$ 高。即使应用一种核素示踪法,计算结果也有差异。东北地区^{137}Cs含量相对较高,应用效果较好。吉林省德惠市八家庙和松花江镇与莫家沟地形地貌相似,应用^{137}Cs示踪法计算坡面土壤侵蚀速率分别为3.2~4.3 mm/y(阎百兴和汤洁,2005)和1.01~2.80 mm/y(方华军等,2006);应用^{137}Cs法得到黑龙江省农垦总局九三分局鹤山农场坡面平均土壤流失量约1.80 mm/y(刘宝元等,2008)。用RUSLE模型计算吉林省土壤侵蚀速率为3.0 mm/y(Yang等,2003);在中国科学院东北地理与农业生态研究所黑土农业试验示范基地,通过对比耕作土壤和背景土壤有机碳含量变化得到黑土区土壤流失速率为1.81 mm/y(Liang等,2009)。土壤侵蚀的空间变异性很大,方法不同,结果各异,但与松辽水利委员会公布的黑土区平均每年土壤流失厚度0.1~1 cm的侵蚀速率相吻合。

应用^{137}Cs和^{210}Pb$_{ex}$示踪法所得的土壤侵蚀厚度,计算小流域土壤侵蚀模数分别为2507 t/(km^2 y)和2331 t/(km^2 y)。根据《黑土区水土流失综合防治技术标准(SL446—2009)》,莫家沟小流域侵蚀强度超过土壤侵蚀容许流失量200 t/(km^2 y),为中度侵蚀和强烈侵蚀过渡段。按照现在的土壤侵蚀速率,如果不采取任何措施加以控制,目前10~30 cm的土壤厚度将在50~100 a内消失,后果堪忧。

第三节　土壤侵蚀引起的面源污染

农田土壤侵蚀犹如一把"双刃剑",既造成土壤资源损失,导致土地生产力下降,又形成面源污染,淤积河道,引起受纳水体生态系统恶化。从宏观看,农业面源污染主要来源于土壤侵蚀和土壤物质的溶出。随侵蚀土壤颗粒的损失被认为是吸附态N、P,而土壤物质的溶出以土壤溶解态N、P为主。明确吸附态和溶解态污染负荷的贡献,是选择和实施农业面源污染防治措施的根本依据。

一、吸附态污染负荷

(一)参数确定

土壤吸附态污染负荷计算公式 $M_s = \rho_s \alpha h A L_s$(3-3)中各参数确定如下。

1.土壤侵蚀厚度 h

采用核素示踪技术取得的土壤侵蚀速率。因为^{137}Cs 和 ^{210}Pb$_{ex}$ 示踪法得到土壤侵蚀速率不同,分别是 1.99 mm/y、1.85 mm/y,考虑到计算方便和不影响负荷比较结果,选取 $h=2$ mm。

2.土地面积 A

为研究区莫家沟小流域耕地面积,应用 ArcGIS9.0 空间分析模块进行土地利用数据采集、分析和计算,得到 $A=1.667$ km^2。

3.泥沙输移比 α

东北黑土区河网密度相对较低,典型的漫坡地形,大量侵蚀物质在缓坡下段堆积,形成东北黑土区坡面侵蚀面积大、河道输沙量小的土壤侵蚀特点。松嫩平原按侵蚀土壤的 20% 最终进入地表水计算流域非点源污染物输出负荷(阎百兴,2004),而莫家沟小流域毗邻石头口门水库,核素示踪技术显示坡面无泥沙堆积现象;暴雨期间河道径流激增,携带冲刷泥沙能力较大,很短时间内侵蚀泥沙就可以进入水库;现场观测认为,莫家沟小流域侵蚀泥沙全部进入受纳水体,故选取泥沙输移比为 $\alpha=1$。

4.土壤容重 ρ_s

土壤容重测定采用环刀法。在设置好的采集测试核素样品的两个坡面共 6 条剖面线上进行采样。用直径 5.0 cm 高 2.5 cm 的环刀切割未搅动的自然状态土样,使土样充满其中,称量后计算单位容积的烘干重量。取算术平均值 $\rho_s = 1.26$ g/cm³。

5. 土壤物质含量 L_S

土壤样品采集时间为玉米收割后(2008 年和 2009 年 10 月),在设置好的采集测试核素样品的 2 个坡面共 6 条剖面线上进行采样。采样深度为犁层深度 0~25 cm;采集的土壤样品约 500 g 过 0.25 mm 筛,称重约 1.0 g,进行土壤 TN、TP 分析。土壤 TN 采用凯氏消煮法,土壤 TP 采用酸溶-钼锑抗比色法。土壤 TN、TP 测试结果取算术平均值,分别为 TN 1222 mg/kg 和 TP 505 mg/kg。

(二)吸附态输出负荷

应用公式(3-3)计算由侵蚀土壤带走的土壤溶质流失量。计算结果显示(见表 3-3),莫家沟小流域随土壤侵蚀损失 TN 4889 kg/y,单位面积 TN 流失 29 kg/hm²,占化肥施用量 22%;TP 年流失 2022 kg/y,单位面积 TP 流失 12 kg/hm²,占化肥施用量 10%。

东北地区松花湖流域旱地 TN、TP 单位流失量分别为 30.9~42.0 kg/hm² 和 4.6~16.7 kg/hm²(王宁,2001)。同样运用[137]Cs 示踪技术,松嫩平原顺坡耕作区随土壤流失的 TN、TP 分别为 22.9~97.7 kg/hm² 和 7.1~37.4 kg/hm²(杨育红等,2010);吉林西部农田 TP 流失水平 0.6 kg/hm²(阎百兴,2001)。而应用 USLE 方程,施肥水平 1257 kg/hm² 条件下,日本 Tama 山区坡地 TN、TP 流失水平分别达 900 kg/hm² 和 200 kg/hm²(Mihara 等,2005);瑞典 1985 年耕地 N 流失负荷率 29 kg/hm²、1994 年 23 kg/hm²(Arheimer 和 Brandt,2000)。我国太湖流域耕地径流 TN 流失水平 29 kg/hm²,TP 流失水平 2 kg/hm²(金洋等,2007)。与太湖流域面源污染严重状况相比,莫家沟小流域的单位面积

TN 和 TP 流失水平对石头口门水库水质危害较大。

二、溶解态污染负荷

虽然大多数径流的发生均伴随泥沙对化学物质的迁移,但是,除溶解态养分外,其他形态的养分对生态系统不会立即起效;泥沙结合态养分和释放到水体中养分的有效性可能会受到许多生物、物理和化学等因素的影响(Keeney,1973)。土壤可溶性物质随径流迁移主要集中在地表或近地表土壤溶液到地表径流的迁移过程。溶解性 N、P,尤其是水溶性无机氮和无机磷是降雨径流携带、传输的主要成分,具有与颗粒物不同的迁移特性(王红萍等,2005)。如果说降雨径流是引起农业面源污染的发动机,那么土壤中化学物质的含量及溶出性就是发动机工作的燃料。

(一)溶解态 N、P 测定

农业面源 N、P 污染与土壤溶解性无机 N、P 含量及其所处溶液环境有关。土壤溶解性无机 N、P 含量的测定,主要是通过不同的浸提剂将土壤中的溶解性无机 N、P 转移到浸提液中,然后测定 N、P 含量;测定结果主要用于说明土壤的供 N、P 水平,是判断施用 N、P 肥的指标,具有鲜明的农学意义(鲁如坤,2000)。水环境的农业面源污染物主要来自于土壤圈中的农业化学物质,因而它的产生、迁移与转化过程实质上是污染物从土壤圈向水圈扩散的过程(张水龙和庄季屏,1998)。长期以来,测定土壤溶解性 N、P 大多采用土壤农业化学分析方法。这些测定土壤中无机态 N、P 的方法侧重于土壤中 N、P 养分的农学意义,对于能被降雨径流携带、具有水环境意义的土壤水溶性 N、P 关注较少,可能夸大因降雨径流引起的农业面源污染贡献率。从水环境角度来看,土壤溶解态 N、P 的流失在农业面源污染负荷中是主要的活性组分。

1.水土比确定

雨、雪等的特性与去离子水比较相近(刘嘉麟等,1995)。连续大量降雨时,表层水不断地更新,相当于淋洗提取法提取条件。暴雨条件下,与水土比较大时的测定条件相近,常用的水土比为25∶1、50∶1、100∶1(Vadas 等,2005);而对于降雨强度小,产流少时的溶解态物质溶出条件相当于水土比小的情况,可选取较小的水土比,如5∶1或10∶1(王红萍等,2005)。通过分析2008年和 2009年5—9月的52场降雨资料和12次降雨实际监测数据及室内雨水分析,莫家沟小流域80%的降雨在30 min内完成;能形成农田径流的降雨强度为中雨以上;分析结果证实莫家沟小流域降雨特性与去离子水相似,故取水土比5∶1。

2.测定方法

土壤溶解态 N、P 分析采用新鲜土壤,过2 mm 筛,以去离子水为浸提剂,制备水浸提液。称取过筛后的新鲜土样5.0 g,按5∶1的水土比加入去离子水,室温振荡60 min,3000 r/min 离心30 min,上清液经0.45 μm 滤膜过滤,滤液待测土壤溶解态 N、P。溶解态 TN、TP(water extractable nitrogen/phosphorus,WEN;WEP)。测试仪器为紫外可见分光光度计(TU-1900)。WEP 采用过硫酸钾消解钼锑抗分光光度法、PO_4^{3-}-P 采用钼锑抗分光光度法、WEN 采用碱性过硫酸钾消解紫外分光光度法、NO_3^--N 采用酚二磺酸光度法、NH_3-N 采用纳氏试剂光度法。

(二)溶解态负荷

莫家沟小流域土壤 TN、TP、溶解态 N、P 浓度、流失负荷见表3-3。

表3-3 莫家沟小流域土壤 N、P 含量及负荷

项目	PO_4^{3-}-P	WEP	TP	NH_3-N	NO_3^--N	WEN	TN
N、P 浓度(mg/kg)	0.124	0.163	505	1.046	2.455	4.025	1222

项目	PO_4^{3-}-P	WEP	TP	NH_3-N	NO_3^--N	WEN	TN
N、P 负荷(kg/y)	0.5	0.7	2022	4.2	9.8	16.1	4889
N、P 流失水平(kg/hm²)	0.003	0.004	12	0.025	0.059	0.097	29

随土壤流失的 DTN 是 DTP 的 23 倍；土壤溶解态无机 N
(NH_3-N＋NO_3^--N)占 WEN 的 87％，而仅占土壤 TN 的 0.33％；
土壤溶解态 PO_4^{3-}-P 占 WEP 的 76％，而土壤 WEP 占 TP 量仅
0.03％。这与表层土壤无机 N、P(水溶态、交换态和固定态)占土
壤 TN、TP 含量不到 20％的规律相一致(鲁如坤，2000)。黑土是
恒负电荷土壤，吸附 N、P 形态的能力顺序为 NH_4^+＞PO_4^{3-}->
NO_3^-(李成保和季国亮，2000)。土壤中 NH_4^+ 大部分被负电荷的
土壤胶体吸收，减少了 NH_4^+ 的移动性，使得 NH_3-N 流失负荷小
于 NO_3^--N。研究结果可见，流失土壤携带的吸附态 TN、TP 污染
负荷分别是能被降雨径流浸提形成 WEN、WEP 污染负荷的 300
倍和 3000 倍。农田 N、P 流失负荷的 95％以上随泥沙一起迁移，
而且侵蚀泥沙对 N、P 等养分有富集作用(朱连奇等，2003；Sharp-
ley，1985；Hubbard 等，1982)。侵蚀的土壤颗粒无疑是最大的面
源污染，这就为石头口门水库实行"保土过水"的面源污染措施提
供了理论依据。

三、土地开垦对土壤性质的影响

通过东北地区过去 300 a 耕地覆盖变化(叶瑜等，2009)和长
春市 1900 年以来土地利用空间扩张动态分析(张树文等，2006)
发现，莫家沟小流域土地利用开发主要集中在 20 世纪以来的
100 a，参见图 3-4。

土地只种不养或重种轻养；无机化肥、农药施用量逐年增加；
有机肥逐年降低，目前无有机肥还田；粗放型经营模式导致土壤
流失加剧、地力下降、土壤质量退化、化肥飙升的恶性循环。

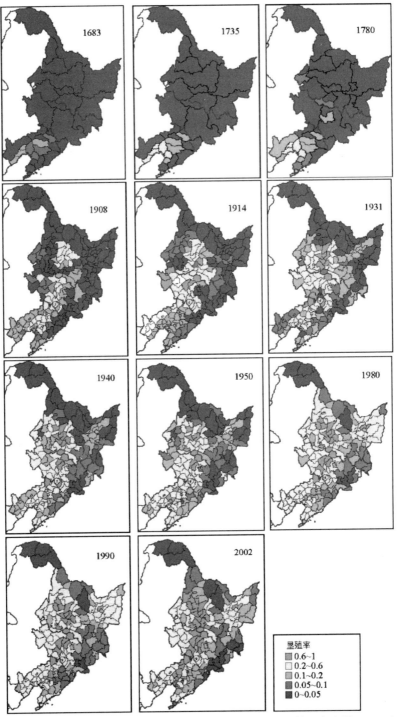

图 3-4　东北地区 17—20 世纪垦殖率时空变化趋势（叶瑜等，2009）

（一）指标选择及测定方法

选取反应土壤质量的主要指标有土层厚度、pH、土壤容重、土壤含水量，土壤溶解态 N、P。土层厚度通过挖土壤剖面测量，农田土壤厚度以耕作层以上活土层厚度衡量，自然植被土壤厚度以腐殖质层的厚度衡量。土壤 pH 测定采用通过 2 mm 筛的风干土样，选取水土比 2.5：1，测定仪器为 PHS-25C 精密数显酸度计。土壤容重和土壤含水量采用环刀法。土壤溶解态 N、P 测定方法如前所述。

（二）土壤物理性质变化

1. 土层厚度

莫家沟小流域自然植被土壤多属暗棕壤，土体厚度较薄，不足 1 m。受各类岩石风化残积、坡积物母质的影响，在腐殖质层以下的土体中含有较多的沙砾和碎石，土体疏松，通透性强。基于实际调查采样分析数据，利用 ArcGIS9.0 空间分析模块，输出研究区土层厚度分布现状图（图 3-5）。土层厚度已从 20 世纪 50 年代的 60～70 cm 下降至目前的 10～30 cm，平均厚度仅为 11 cm。40% 的农田出现"破皮黄"和"露地黄"。坡面土壤从坡顶到坡底，沙的比例呈减少趋势。

2. 土壤 pH

莫家沟小流域自然植被土壤属暗棕壤，受腐殖质积累和弱酸性淋溶等过程影响，土壤 pH 范围 6.01～6.28，均值 6.14，呈弱酸性至近中性反应。经过 100 a 的土地开垦，耕地土壤 pH 范围 4.60～6.43，平均值下降到 5.28。应用 SPSS 统计推断模块的两独立样本 t 检验方法，耕地土壤 pH 较自然植被土壤 pH 显著减少（$p < 0.05$）。东北典型黑土地区土壤，20 a 来 pH 明显减少，土壤 pH 从 1980 年的平均值 6.36 下降到 2000 年的 pH 平均值

5.98(汪景宽等,2007);自然植被土壤开垦为农田,化学肥料的施用也可使土壤pH下降(陈学文等,2008)。东北典型黑土区的黑土大部分属于中性或微酸性土壤,使用pHB-4酸度计,水土比5:1,pH 5.96~7.03(梁爱珍,2008)。莫家沟小流域自然植被土壤pH变异系数(Vc)为1.5%,而耕作土壤pH的变异系数达到5.8%,说明耕作土壤pH受外界因素,如农业生产活动、土壤侵蚀等自然、人为因素干扰较大,土地开垦导致该地区土壤酸化严重。

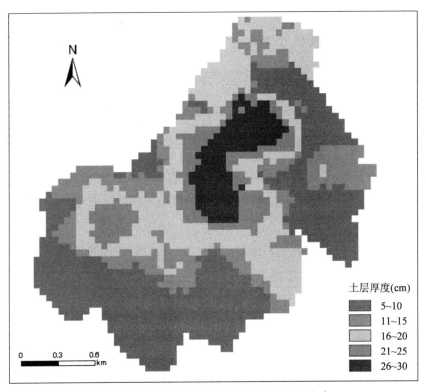

图3-5 莫家沟小流域土壤厚度空间分布

3.土壤容重与含水量

土壤水分和土壤容重是表征土壤理化性质的主要指标。表3-4列举了研究区自然植被土壤和农田(玉米地)土壤的含水量和容重。应用 SPSS 统计推断模块的两独立样本 t 检验方法,农田土壤容重较自然植被土壤容重显著增加($p<0.05$)。自然植被土壤容重范围 $0.92\sim1.23$ g/cm³,耕作土壤容重范围 $1.13\sim1.47$ g/cm³;平均土壤容重从自然植被土壤容重的 1.09 g/cm³ 上升到平均耕作土壤容重 1.26 g/cm³。计算土壤容重样本变异系数,自然植被土壤和耕作土壤 Vc 分别为 7.14% 和 6.44%。农田土壤含水量较自然植被土壤的含水量显著减少($p<0.05$)。自然植被土壤含水量范围 $10\%\sim20\%$,平均值 15%;耕作土壤容重范围 $2\%\sim17\%$,平均值为 12%。自然植被和耕作土壤含水量变异系数分别为 16.3% 和 33.8%。随着土地开垦年限的增加,土壤板结,土壤容重增加,保水保肥性能降低,从而造成黑土自然生产力下降(李发鹏等,2006)。农业生产活动对土壤容重和土壤含水量影响显著。

(三)土壤养分变化

1. 自然植被土壤溶解态 N、P 含量

土壤中的水溶性物质以分子态或离子态随地表径流一起发生迁移,整个过程受地表水循环和土壤本底浓度值控制。考虑到土壤流失主要发生在表层土壤($0\sim5$ cm),选取 3 个样点进行分层采样、分析,了解表层和次表层土壤水溶性 N、P 变化趋势。

表 3-4 自然植被土壤和耕作土壤主要性能指标

编号	自然植被土壤			农田土壤		
	pH	土壤含水量（%）	土壤容重（g/cm³）	pH	土壤含水量（%）	土壤容重（g/cm³）
1	6.28	20	1.10	4.70	14	1.31
2	6.11	18	1.09	5.12	13	1.14
3	6.01	17	1.15	5.36	12	1.19
4	6.23	15	1.19	5.68	11	1.25

续表

编号	自然植被土壤			农田土壤		
	pH	土壤含水量（%）	土壤容重（g/cm³）	pH	土壤含水量（%）	土壤容重（g/cm³）
5	6.22	19	1.18	5.26	8	1.36
6	6.05	15	0.92	4.60	14	1.29
7	6.03	13	1.23	5.25	11	1.2
8	6.15	16	1.12	5.52	11	1.21
9	6.18	18	1.19	5.45	16	1.21
10	6.09	15	1.12	5.38	7	1.39
11	6.27	12	1.18	5.31	11	1.26
12	6.05	16	1.18	5.11	2	1.21
13	6.18	14	1.02	5.12	4	1.13
14	6.21	15	1.03	5.17	3	1.18
15	6.13	12	0.96	5.21	5	1.14
16	6.11	10	1.13	5.27	4	1.43
17	6.15	11	1.10	5.24	9	1.22
18	6.03	19	1.16	5.47	8	1.47
19	6.05	14	1.11	4.89	9	1.23
20	6.22	18	1.04	5.35	14	1.19
21	6.28	12	1.02	5.07	11	1.26
22	6.09	15	0.96	5.32	15	1.36
23	6.17	16	1.02	5.15	13	1.35
24	6.10	12	1.13	5.42	17	1.31
25	6.23	18	1.17	5.61	17	1.31
26	6.05	12	0.96	4.89	14	1.27
27	6.07	13	1.05	5.13	15	1.34
28	6.13	16	1.00	5.11	15	1.27

编号	自然植被土壤			农田土壤		
	pH	土壤含水量（%）	土壤容重（g/cm³）	pH	土壤含水量（%）	土壤容重（g/cm³）
29	6.12	13	1.14	5.25	16	1.29
30	6.15	12	1.07	5.16	17	1.21
31	6.13	14	1.16	5.27	15	1.28
32	6.09	15	1.06	5.26	16	1.23
33	6.08	15	1.08	5.35	11	1.18
34	6.19	18	1.10	5.26	11	1.26
35	6.17	13	1.14	5.23	15	1.14
36	6.15	19	1.06	6.06	17	1.41
37	6.20	17	0.94	4.94	15	1.2
38	6.19	16	1.14	5.36	15	1.23
39	6.01	18	0.98	5.22	14	1.28
40	6.03	16	1.12	6.43	16	1.38
41	6.22	17	1.04	5.32	15	1.25
42	6.15	15	1.05	5.13	16	1.25
43	6.13	19	1.16	5.50	12	1.22
平均值	6.14	15	1.09	5.28	12	1.26

1 号和 2 号样点采样深度为 8 cm，分 0～2 cm、2～4 cm、4～6 cm、6～8 cm 取样；3 号样点采样深度为 10 cm，分 0～5 cm、5～10 cm 取样。测试溶解态 PO_4^{3-}-P、WEP、WEN、NO_3^--N、NH_3-N 结果见图 3-6。

自然植被表层、次表层土壤 PO_4^{3-}-P 和 WEP 含量较低，且变化不大，究其原因，是土壤中的无机磷大多以 PO_4^{3-}-P 形态存在，容易与土壤中的 Ca、Al、Fe 离子形成难溶性的沉淀物，如 Ca-P、Al-P、Fe-P 等吸附在土壤颗粒中，不易被水溶出。磷素的化学性质决定了磷素流失的主要途径是随土壤颗粒迁移转化。

土壤溶解态无机氮中 NH_3-N 含量较 NO_3^--N 高。NH_3-N 平均含量 4.62 mg/kg，NO_3^--N 为 1.59 mg/kg，分别占 WEN 的 62％和 21％。因为研究区自然植被针阔混交林及林下草本和灌丛植物,生长繁茂,覆盖度在 95％以上,根系也主要分布在表层,每年有大量凋落物落在地表,在温湿气候条件下,经微生物分解,有机残体和释放的营养元素补充到土壤中。但是由于降水和融冻水的影响,有机残体分解缓慢,在土壤表层积累了大量的腐殖

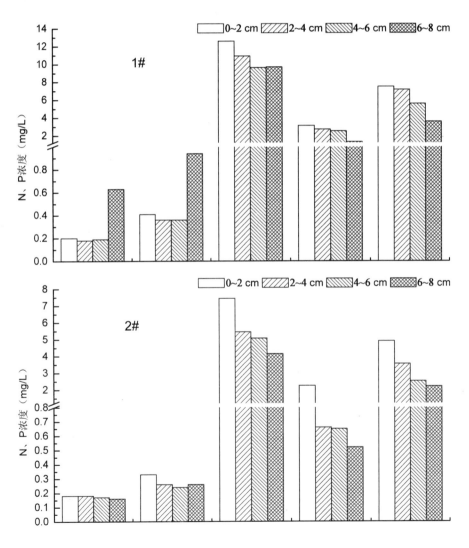

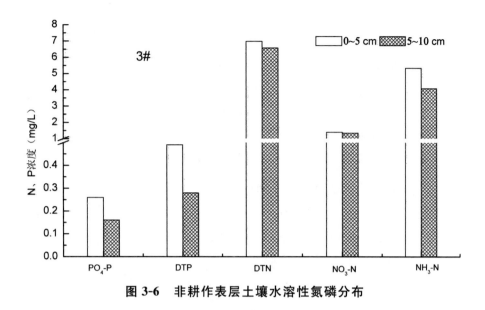

图 3-6　非耕作表层土壤水溶性氮磷分布

质,降低了 NH_3-N 的继续硝化速度,形成 NO_3^--N 在自然植被表层土壤和次表层土壤中的含量普遍低于 NH_3-N 含量;土壤 N 素含量随着土层厚度从上到下呈现减少趋势,从而得到研究区自然植被土壤表层水溶性氮含量高且腐殖质层深厚,氮储量相应也高的空间分布特征。

2.耕作土壤溶解态 N、P 含量

耕作土壤样点的水溶性 N、P 含量分布变化较大,排除大环境不变的情况,主要与各户施肥差异和样点偶然性有关。详细土壤溶解态 N、P 含量见表 3-3。耕作土壤溶解态氮的分布与自然植被土壤氮素分布表现出明显不同的特征,耕作土壤溶解态 NO_3^--N 含量普遍大于 NH_3-N 含量。NO_3^--N 平均浓度 2.455 mg/kg,占 WEN 的 61％,NH_3-N 平均浓度 1.046 mg/kg,占 WEN 的 26％。

溶解在土壤溶液中的氮化合物较土壤基质中的氮化合物更为活跃和复杂,任何土壤条件的变化都会通过吸附、解吸和离子交换作用改变溶液中氮化合物的含量,因此,溶解态氮含量变化与环境条件的改变有更密切的联系(Lotse 等,1992;Tanaka 等,

1998)。NH_4^+ 浓度的变化受含氮有机物在微生物作用下的分解即氨化作用和硝化作用的影响;$NO_3^- -N$ 含量的变化取决于硝化和反硝化速度及降雨造成的淋溶作用(姜翠玲等,2003),所有这些过程都受到土壤环境条件的影响,如:温度、O_2、土壤含水量等。自然土壤开垦为耕地改变了土壤原始环境,使土壤环境处于富 O_2 条件下,有利于 NH_3-N 的硝化;氮肥的施用,经微生物作用迅速变成了硝酸盐,增加了 $NO_3^- -N$ 含量。

耕作土壤溶解态 $PO_4^{3-} -P$ 均值由自然土壤的 0.231 mg/kg 降低到耕作土壤的 0.124 mg/kg,WEP 含量也由自然土壤的 0.372 mg/kg 下降到耕作土壤的 0.163 mg/kg。应用 SPSS 统计推断模块的两独立样本 t 检验方法,溶解态磷含量与自然植被土壤磷含量相比,显著降低($p<0.05$)。自然界中,磷为外因性地球化学循环,如无其他因素干扰,应是一个具备循环质量平衡特征的稳态过程。Vadas 等(2009)模拟显示累计 25~50 cm 降雨量足以完全带走施用 40~90 kg/hm^2 有机肥中的 WEP 含量。莫家沟小流域是个典型的农业生产区,尽管水溶性磷肥直接增加土壤溶解态磷含量,但耕作土壤溶解态磷较自然植被土壤溶解态磷含量显著降低,说明溶解态磷随耕作、水蚀等形式流失严重。

降水条件下,土壤氮磷既随下渗的水分向深层迁移,也可以在雨滴打击及径流冲刷作用下,向地表径流传递(Wang 等,2002)。目前,多数学者认为,坡面农田土壤 N、P 先通过对流、扩散作用迁移到地表或近地表层土壤溶液,然后通过水膜或混合层以及回流引起的氮磷释放等迁移、溶解在地表径流中,进而影响受纳水体(Wallach 等,2001;王全九等,1998;Ahuja 和 Lehman,1983)。可见,降雨、地表径流、土壤 N、P 的相互作用是一个复杂的动态变化过程,受到降雨特性、土壤质地、农事活动、田间管理、植被覆盖、地形地貌等影响。实质上不同因素对 N、P 流失的影响都是对水-土体-氮磷混合体的干扰,结果表现为土壤侵蚀量、N、P 输出浓度和负荷的差异。从降雨-径流-土壤溶解态 N、P 的相互作用过程着手,定量研究各影响因素对坡地 N、P 物质迁移的耦合作用,为揭示土壤 N、P 流失机理和减少农业面源提供理论依据。

第四节　小　结

莫家沟小流域 ^{137}Cs 和 ^{210}Pb$_{ex}$ 背景值分别为 2918 Bq/m^2 和 8954 Bq/m^2;应用 ^{137}Cs 和 ^{210}Pb$_{ex}$ 核素示踪技术,计算土壤侵蚀速率分别为 1.99 mm/y、1.85 mm/y;侵蚀模数分别为 2507 t/(km^2 y)、2331 t/(km^2 y);为中度侵蚀和强烈侵蚀过渡段。每年随土壤侵蚀损失的吸附态 TN、TP 负荷分别为 29 kg/hm^2、12 kg/hm^2,占多年平均化肥施用量的 22% 和 10%。土壤溶解态无机氮(NH$_3$-N+NO$_3^-$-N)占 WEN 的 87%,而仅占土壤 TN 的 0.33%;土壤溶解态 PO$_4^{3-}$-P 占 WEP 的 76%,而土壤 WEP 占 TP 量仅 0.03%。侵蚀流失的土壤颗粒是 N、P 流失的主要载体。土地开垦为农田,受耕作和土壤侵蚀双重影响,使土层厚度减少,土壤溶液 pH 下降,增加土壤容重和相应减少土壤含水量;改变自然植被土壤溶解态 NH$_3$-N>NO$_3^-$-N 状态,耕作土壤 NO$_3^-$-N>NH$_3$-N,增加 NO$_3^-$-N 流失率。

第四章 土壤-径流系统的污染物迁移

自然条件下,东北地区坡耕地是典型的雨养旱田,降雨是对土壤可溶性物质影响最大的因素。土壤中无机态 N、P 的溶解、迁移和转化过程,主要是降雨裹挟从土壤转向径流。土壤溶解态 N、P 应成为农业面源污染的首要研究对象,是土壤测试 N、P 方法从农学意义向环境意义转换的桥梁。研究溶解态 N、P 从土壤向径流迁移的潜力和负荷,对小流域农业面源污染综合治理具有现实指导意义。

第一节 土壤水浸提液制备

一、样品采集与分析

(一)径流样品采集

设置移动观测小区,安装集流桶收集田间降雨产流水样,并计算次降雨小区产流量。每次降雨-径流过程,分段取集流桶中水样,共计约 1000 mL,经 0.45 μm 微孔滤膜真空过滤,滤液备测 DTN、DTP。

(二)土壤样品采集

考虑到样点的代表性和野外条件,采样时间为 5—9 月,包括整个降雨集中时期,即春播-秋收农事活动期。土壤样点采用

GPS 定位，坡面布设 3 条剖线，样点间隔 50 m。土壤采样深度 0～5 cm。原样土称取前捡除岩屑、砾石、植物残体，用木棒压碎，过 2 mm 筛；土壤 N、P 分析采用新鲜土壤，以去离子水为浸提剂，按降雨强度和产流系数计算次降雨水土比，制备水浸提液。

称取过筛新鲜土样 50 g，按计算好的水土比加入去离子水，室温振荡 60 min，3000 r/min 离心 30 min，上清液经 0.45 μm 滤膜过滤，滤液待测土壤溶解态 N、P，与径流 DTN、DTP 区分，记作 WEN、WEP。

（三）项目测定方法

径流样品保存、容器洗涤方法和样品测试分析执行国家相关标准（国家环境保护局编委会，2002）。WEP、DTP 采用过硫酸钾消解钼锑抗分光光度法；WEN、DTN 采用碱性过硫酸钾消解紫外分光光度法。测试仪器为紫外可见分光光度计（TU-1900）；土壤容重采用环刀法；土壤含水量采用烘干法。

二、水土比确定

根据吸附-解吸理论，土壤中 N、P 的解吸受水土比大小的影响，即：降雨强度、持续时间不同，径流从土壤中浸提的溶解态 N、P 各异。因此，为更好的模拟自然降雨条件下土壤 N、P 的可交换量或可迁移量，准确反映土壤 WEN、WEP 与径流中 DTN、DTP 的相互关系，实验室制备土壤水浸提液应选择接近于自然降雨产流过程的水土比。

水土比计算公式：

$$R = (R_i \cdot \rho_w)/(D_s \cdot \rho_s) \tag{4-1}$$

式中：R，水土比，无量纲；R_i，降雨强度，m；ρ_w，水的密度，g/cm^3；D_s，土-水相互作用深度，m；ρ_s，土壤容重，g/cm^3。

在降雨过程中，雨滴打击及径流冲刷作用，在土壤表层形成一定厚度的扰动层，是进行土壤溶质随地表径流过程模拟研究必不可少的参数(王全九等,1998),一般来说,降雨-径流-土壤相互作用的范围应该大于土壤侵蚀厚度,应用核素示踪技术估算该区土壤侵蚀厚度<2 mm/y。为简化计算,降雨-径流-土壤相互作用深度采用核素示踪技术获得的土壤侵蚀厚度,取 2 mm,即 D_s 取 0.002 m。

Vadas 等在人工降雨强度 50～100 mm/h,持续时间 15～160 min 条件下,选取水土比 25:1 进行土壤水浸提液制备。监测的 12 次有径流形成的降雨中,雨量在 2.0～34.9 mm 之间,降雨历时 5～210 min,其中 6 次是短历时(≤30 min)降雨,占总次数的 50%。应用公式(4-1),计算次降雨水土比范围 1:1～15:1,详见表 4-1。

表 4-1 形成径流的降雨强度及相应水土比

时间	雨量 (mm)	历时 (min)	水土比	时间	雨量 (mm)	历时 (min)	水土比
6—10	7.0	110	2.5	7—7	13.0	17	5.4
6—17	4.0	25	3.1	7—16	34.9	180	14.5
6—17	4.0	30		7—20	9.5	40	9.9
6—18	3.3	15	1.4	7—20	4.9	40	
6—30	2.0	25	1.0	7—20	2.1	5	
7—1	9.3	25	3.9	7—20	7.2	55	

就研究区降雨特点分析,短阵型的较多,大部分集中在十几分钟到几十分钟时间内,往往形成短历时、高强度的降雨,这种瞬时雨率对土壤侵蚀和地表径流的形成较降雨量更为重要。气象部门按 24 h 或 12 h 降雨量的降雨强度分级不适合作为水土比归类依据,考虑到浸提的可操作性、次降雨的瞬时雨率和雨前土壤含水量,将水土比划分为四类,降雨强度≤4 mm/30 min,采用水土比 2.5:1;4 mm/30 min<降雨强度≤15 mm/12 h 的采用水土比 5:1;15 mm/12 h<降雨强度≤30 mm/12 h 的采用水土比 10:1;降雨雨强>30 mm/12 h 的采用水土比 15:1 制备土壤水

浸提液。

三、数据统计分析

应用 SPSS 统计软件的线性回归最小二乘法量化土壤 WEN、WEP 分别与径流 DTN、DTP 关系，拟合回归线的斜率表示降雨径流溶解态总磷浓度对土壤不稳定磷浓度的回归系数，即为提取系数。同时进行回归方程整体显著性检验（R^2）和回归系数显著性检验（95％置信度区间）。

第二节　土壤溶解态磷在土壤-径流系统中的迁移

磷是动植物生长不可缺少的营养元素，也是造成水体富营养化的限制性因子（Sharpley 等，2002；Withers 和 Lord，2002）。土壤中磷素的溶出和迁移是农业面源磷污染的主要途径（Stutter 等，2008；Sharpley 等，2001）。确定农业面源磷输出的关键源区和计算磷污染流失负荷是农业面源污染控制研究的热点。在欧美国家，用农业面源污染模型和磷指数法评价磷的环境影响，成果显著（Sharpley 等，2002；黄东风等，2009）。但是，模型操作的复杂性和磷指数法只能定性风险评价的缺陷，促进了简单估算地块尺度土壤磷素向径流输移的提取系数法（extraction coefficient）的广泛研究。

一、土壤 WEP 在土壤-径流系统中的提取

几乎所有的水质模型和多数面源污染模型都有模拟土壤磷解吸传输到径流中的功能模块。如，AGNPS、SWAT、EPIC 等模型假设土壤 STP（soil test phosphorus）在土壤中的可提取性相

同,为固定常数(Sharpley 等,2002;Vadas 等,2008)。溶解态磷的输移量即为提取系数与表层(0~5 cm)土壤 STP、径流量之积(Vadas 等,2008)。基于监测分析土壤和降雨径流数据,SPSS 线性回归最小二乘法给出了采样区土壤 WEP 回归方程,$y=0.281x-0.0179$,见图 4-1。Vadas 等提取系数模型见图 4-2。

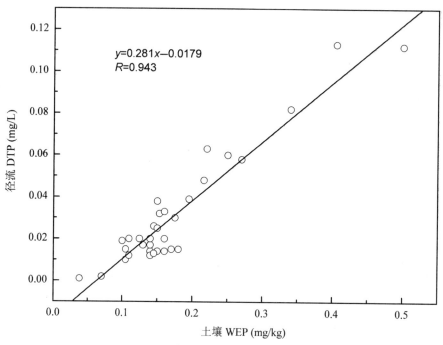

图 4-1 土壤和降雨径流溶解态磷的线性回归关系

莫家沟小流域土壤 WEP 含量在 0.01~0.50 mg/kg,径流 DTP 含量 0.01~0.11 mg/L,均小于 Vadas 等(2005)的土壤 WEP 范围为检限值~120 mg/kg 和径流 FRP 范围在检限值~1.8 mg/L。土壤 WEP 是与土壤结合最松散、最易释放磷,只占提取磷的小部分(章明奎,2004);地区土壤磷素含量差异和分析方法是土壤测试磷显著不同的主要原因。过硫酸钾消解钼锑抗分光光度法与 Murphyh 和 Riley(1962)测磷方法原理相同,但测试细节、仪器敏感度等不同也是原因之一。

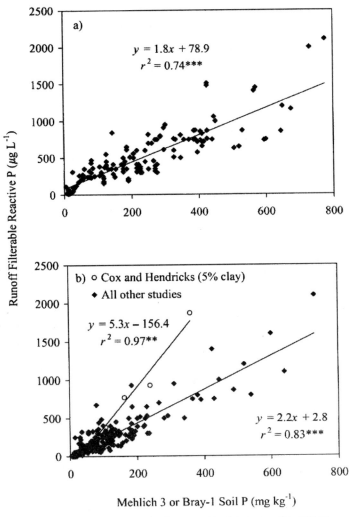

图 4-2　土壤 STP 和径流 FRP 关系（Vadas 等，2009）

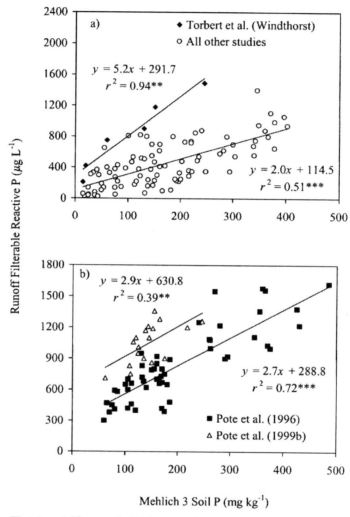

图 4-2　土壤 STP 和径流 FRP 关系（Vadas 等，2009）（续）

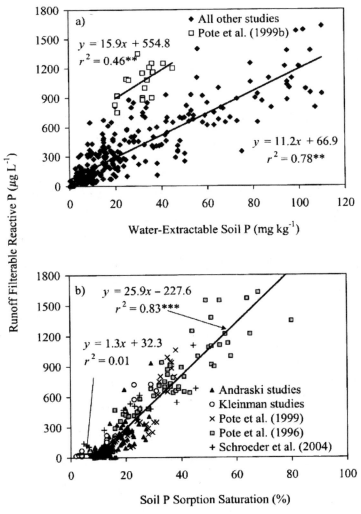

图 4-2　土壤 STP 和径流 FRP 关系（Vadas 等，2009）（续）

　　温度和水土比对土壤磷的测试均有影响。所有测试分析都在室温下，可忽略温度影响；25～250：1 的水土比（Vadas 等，2005；Vadas 等，2009），远比此研究中应用的 2.5～15：1 大。Vadas 等从土壤浸提出的磷素含量也大，土壤 STP 范围在检限值～120 mg/kg，大多集中在检限值～20 mg/kg 范围，导致结果差异；值得注意的是 Vadas 等（2009）计算提取系数所用的土壤磷和径流磷的测定都是针对施肥情况进行的研究；Sharpley 等

(2002)研究在表面施磷肥量 100 kg/hm² 和采用犁沟深施磷肥量 110 kg/hm² 的采样区采集样品分析,所得提取系数差异明显,即使所用数据来自模拟降雨前 6 个月未添加磷肥的土壤,但施肥方式对土壤磷的提取影响显著;同样程度的施肥量,表面施肥方式使磷素集中在表层土壤,更易于被径流携带输移,土壤磷提取量可能是犁沟深施磷肥方式的 4~26 倍。施肥时间、方式以及形成降雨径流的影响因素都对提取系数影响较大。无论采用何种测磷方法,土壤 WEP 与径流 DTP 的线性关系存在。

农业面源磷污染主要是土壤中的不稳定磷或溶解态磷在降雨径流作用下形成的,径流的不断冲刷,类似于实验室内去离子水对土壤磷的淋洗、浸提。研究区农田土壤磷的径流提取系数为 0.281,即土壤 WEP 每增加 1 mg/kg,径流 DTP 就增加 0.281 mg/L,大于 Vadas 等(2009)研究的土壤水浸提磷每增加 1 mg/kg,径流溶解态磷就增加 0.012~0.183 mg/L。图 4-2 显示室内模拟得到的土壤磷(Mehlich Ⅲ 或 Bray-1 法)和径流 FRP(filterable reactive phosphorus)的提取系数大多在 1.5~2.0,最高 5.8;野外小区的提取系数范围在 1.2~3.0,最大为 5.3;水浸提土壤磷的径流可过滤有效磷提取系数在 6.0~18.3。

降雨径流发生时,土壤可交换磷或不稳定磷(soil labile phosphorus)随地表径流进入水环境,与径流中 FRP 呈线性相关(Vadas 等,2005;Vadas 等,2009),磷的提取系数为土壤 WEP 和径流 DTP 线性回归方程的斜率,在相同的土壤、径流和管理条件下,是常数(Sharpley 等,2002;Vadas 等,2009)。但测定土壤有效磷的 Olsen 法(NaHCO₃ 法)、Bray-1 法(HCl＋NH₄F 法)和 Mehlich Ⅲ法,具有鲜明的农学意义(agronomic tests),测定的土壤有效磷并不是指土壤中某一形态的磷,也不具有真正"数量"的概念,只是相对的代表土壤的供磷水平;浸提剂不同,得到的土壤有效磷也有差异(Vadas 等,2008;鲁如坤,2000)。测试结果只可作为判断施用磷肥是否必要的一个指标,而且浸提环境与实际体系相差较大。考虑实际降雨条件,最易被径流浸提的这部分水溶性磷的输出和迁移既是藻类可利用磷的主要来源,也是水环境富营养化的潜在因素(刘方等,2003)。因此,模拟土壤和径流的相互作用,选择适宜的水土比,以去离子水为浸提剂,制备土壤水浸提液,备测土壤 WEP 磷的具有"环境意义(environmental tests)"的土壤测试磷方法,为揭示磷从土壤到径流的释放机理提供理论指导。

二、模型统计分析检验

SPSS 统计分析显示,回归的可决系数和调整的可决系数都在 88% 以上,说明径流 DTP 88% 以上的变动都可以被该模型所解释,拟合优度较高(见表 4-2)。

表 4-2 土壤 WEP 回归模型拟合优度评价及 Durbin-Watson 检验结果

R	R Square	Adjusted R Square	Std. Error of the Estimate	Durbin-Watson
944[a]	0.891	0.888	0.00862	1.660

a. Predictors:(Constant),土壤 WEP

表 4-3 显示了回归模型的方差分析结果,可以看到,F 统计量为 326.636,对应的 p 值为 0,所以,拒绝模型整体不显著的原假设,即该模型整体显著。

表 4-3 土壤 WEP 回归模型方差分析

Model		Sum of Squares	df	Mean Square	F	Sig.
1	Regression	0.024	1	0.024	326.636	0.000[a]
	Residual	0.003	40	0.000		
	Total	0.027	41			

a. Predictors:(Constant),土壤 WEP

模型回归系数、回归系数的标准差、标准化的回归系数值以及各个回归系数的显著性 t 检验见表 4-4。从表中可见,无论是常数项还是解释变量 x,其 t 统计量对应的 p 都小于显著性水平 0.05,因此,在 0.05 的显著性水平下都通过了 t 检验。变量 x 的回归系数为 0.281,即土壤水溶性磷每增加 1 mg/kg,径流溶解态磷就增加 0.281 mg/L。

表 4-4　土壤 WEP 的回归系数估计及其显著性检验

Model		Unstandardized Coefficients		Standardized Coefficients	t	Sig.
		B	Std. Error	Beta		
1	(Constant)	-0.018	0.003		-6.207	0.000
	土壤 WEP(mg/kg)	0.281	0.016	0.944	18.073	0.000

　　判断随机扰动性是否服从正态分布,观察图 4-3 显示的标准化残差的 P-P 图发现,各观测的散点基本上都分布在对角线上,残差服从正态分布,说明模型整体显著。

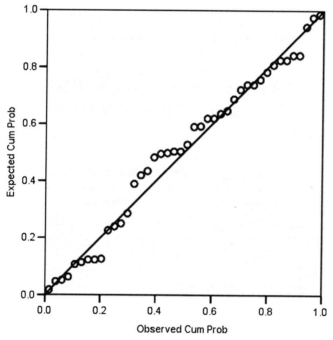

图 4-3　土壤水溶性磷的标准化残差的 P-P 图

　　水浸提土壤磷的提取系数和 Mehlich Ⅲ 或 Bray-1 土壤磷的

提取系数并无大的相对变化,具有"环境意义"的水浸提土壤磷和"农学意义"的 Mehlich Ⅲ 或 Bray-1 土壤磷一样可用于径流溶解态磷的预测,土壤水浸提液的制备过程更简单,又不失模型精度。

第三节　土壤溶解态氮在土壤-径流系统中的迁移

　　天然降水和农田灌溉形成的地表径流引起的氮素损失,迁移到受纳水体,造成土壤氮素流失和环境污染(Wolfe 和 Patz,2002)。其中,溶解性氮,尤其是溶解性无机氮是人类影响剧烈地区氮污染的主要成分,并且具有与颗粒物不同的迁移特性(王红萍等,2005)。与土壤溶解性磷从土壤-径流系统中迁移的大量成果相比,土壤溶解性氮在土壤-径流系统中的迁移研究较少。农业面源氮污染研究多集中在降雨径流过程中氮素的特征变化,缺乏土壤-径流界面土壤溶解性氮的迁移研究。

　　农业面源氮污染与土壤中溶解性无机氮含量及其所处溶液环境有关,降雨径流极易引起坡耕地土壤氮的流失,土壤溶解性无机氮含量的测定,主要是通过不同的浸提剂将土壤中的溶解性无机氮转移到浸提液中,然后测定氮含量(鲁如坤,2000)。常用的浸提剂有去离子水、Na_2SO_4 溶液、$Ca(OH)_2$ 溶液等,浸提液中应用广泛的测定无机氮的方法有氧化镁-戴氏合金蒸馏法和比色法。与土壤磷的测定一样,这些方法侧重于农学范畴,研究表明,土壤氮提取方法不同,结果也有差异(王红萍等,2005)。故以去离子水为浸提剂,进行土壤水溶性氮素的转移和测定。确定土壤水溶性氮从土壤向径流迁移的系数研究,为农业面源氮污染潜在贡献率和污染负荷估算提供新方法。

一、土壤 WEN 在土壤-径流系统中的提取系数

土壤中氮的形态可分为无机氮(硝态氮和铵态氮)和有机氮(水解氮)。氮除了形态转化,它的损失过程在很大程度上决定了对环境的影响,氮损失造成化肥利用率降低,导致水环境污染,是主要面源污染物。天然降水形成的地表径流,可使农田氮素转移并进入地表水体。应用线性回归最小二乘法得到采样区土壤氮回归模型 $y=0.361x+0.978$,研究区土壤氮的径流提取系数为 0.361,即:土壤 WEN 每增加 1 mg/kg,径流 DTN 就增加 0.361 mg/L。土壤 WEN 和径流 DTN 关系见图 4-4。

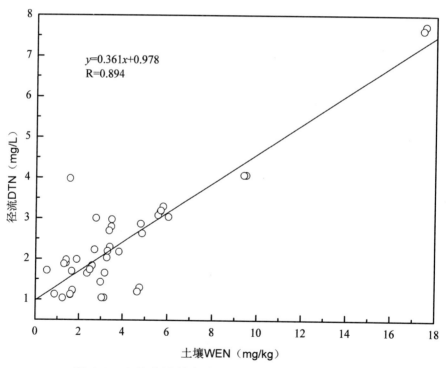

图 4-4 土壤水溶性氮和降雨径流溶解态氮的关系

目前,国内研究侧重于土壤氮流失与土壤质量退化(李裕元等,2003),自然或人工降雨径流过程中的氮流失特征(邬伦和李

佩武,1996;段永惠等,2005;陆海明等,2008),不同植被对氮素流失的影响(张兴昌等,2000)以及等高植物篱控制土壤养分流失(许峰等,2000),降雨径流和侵蚀泥沙中氮素流失负荷(王晓燕等,2004)等。土壤溶解态氮向降雨径流迁移能力的研究较少。国外对土壤测试磷向径流迁移的研究较多,对土壤测试氮的径流迁移也很少。根据氮磷流失特征,两者在土壤-径流系统中的迁移能力也有所不同,氮素从土壤向径流输移能力的研究是今后需要深入进行的内容。

二、模型统计分析检验

SPSS 统计分析结果如表 4-5、表 4-6、表 4-7 所示,模型回归的可决系数和调整的可决系数都在 80% 以上,拟合优度较高;回归模型的方差分析结果 p 值为 0、t 统计量对应 p 值都小于显著性水平 0.05、各观测的散点基本上都分布在对角线上,即残差服从正态分布,说明模型整体显著。

表 4-5　土壤 WEN 的回归模型拟合优度评价及 Durbin-Watson 检验结果

Model	R	R Square	Adjusted R Square	Std. Error of the Estimate	Durbin-Watson
1	0.894[a]	0.800	0.795	0.66637	2.168

a. Predictors:(Constant),土壤 WEN;b. Dependent Variable:径流 DTN

表 4-6　土壤 WEN 迁移模型方差分析

Model		Sum of Squares	df	Mean Square	F	Sig.
1	Regression	71.052	1	71.052	160.010	0.000a
	Residual	17.762	40	0.444		
	Total	88.814	41			

a. Predictors:(Constant),土壤 WEN;b. Dependent Variable:径流 DTN

表 4-7　土壤 WEN 回归系数估计及其显著性检验

Model		Unstandardized Coefficients		Standardized Coefficients	t	Sig.
		B	Std. Error	Beta		
1	(Constant)	0.978	0.154		6.342	0.000
	土壤 WEN(mg/kg)	0.361	0.029	0.894	12.649	0.000

a. Dependent Variable:径流 DTN(mg/L)

第四节　土壤-径流系统中氮磷迁移

　　土壤可溶性物质随径流迁移主要集中在地表或近地表土壤溶液到地表径流的迁移过程。降水条件下,土壤氮磷既随下渗的水分向深层迁移;也可以在雨滴打击及径流冲刷作用下,向地表径流传递(Wang 等,2002)。目前,多数学者认为,坡面农田土壤氮磷先通过对流、扩散作用迁移到地表或近地表层土壤溶液,然后通过水膜或混合层以及回流引起的氮磷释放等迁移、溶解在地表径流中,进而影响受纳水体(Wallach 等,2001;王全九等,1998;Ahuja 和 Lehman,1983)。可见,降雨、地表径流、土壤氮磷的相互作用是一个复杂的动态变化过程,受到降雨特性、土壤质地、农事活动、田间管理、植被覆盖、地形地貌等影响。实质上不同因素对氮磷流失的影响都是对水-土-氮磷混合体的干扰,结果表现为土壤侵蚀量、氮磷输出浓度和负荷的差异。

一、土壤-径流系统污染负荷计算方法

　　对于地表迁移中的泥沙吸附态化学物质的流失量,国内外已经有许多成熟的研究成果,可以通过泥沙养分富集比经验公式与USLE、RUSLE、WEPP 等土壤侵蚀模型和其他土壤侵蚀计算方

法联合获得；但是侵蚀条件下溶解态化学物质的地表径流迁移对受纳水体产生直接影响，是水环境面源污染的重要来源。假定土壤溶质在相互作用深度内只随径流迁移，不进行下渗过程，结合土壤水溶性氮磷径流迁移公式，土壤水溶性氮磷物质进入地表径流，形成非点源污染物的总量可以用下式确定。

$$M_D = 10^{-6} \alpha p A C_D \qquad (4-2)$$

式中：M_D 是面源污染总量，kg；α 是径流系数，无量纲；A 是土壤面积，m²；p 是降水量，mm；C_D 是径流中溶解态物质浓度，mg/L。

二、参数的选择和确定

降水量 p 按多年平均 642 mm 计；土壤面积 A 为莫家沟小流域农田面积 1.667×10^6 m²；土壤侵蚀厚度 h 取 2 mm；土壤容重 ρ_s 取 1.26 kg/m³。农田径流系数的确定是计算地表径流形成面源污染负荷的关键因子。根据研究区实测数据分析统计，不同降雨强度下，径流系数各有差异，详细结果见表 4-8。

表 4-8　实际监测的次降雨径流系数

次降雨	径流系数	分级	次降雨	径流系数	分级
9.5 mm/40 min	0.03	大雨	2.05 mm/5 min	0.62	大雨
9.5 mm/40 min	0.09	大雨	4 mm/30 min	0.65	中雨
2 mm/25 min	0.19	中雨	3.3 mm/15 min	0.75	中雨
4 mm/25 min	0.21	中雨	2.05 mm/5 min	0.75	大雨
3.3 mm/15 min	0.24	中雨	8.6 mm/30 min	0.79	暴雨
2 mm/25 min	0.27	中雨	4 mm/30 min	0.81	中雨
34.9 mm/180 min	0.30	大雨	4.9 mm/40 min	0.82	大雨
7 mm/150 min	0.32	中雨	8.6 mm/30 min	0.83	暴雨
7 mm/150 min	0.37	中雨	4.9 mm/40 min	0.90	大雨
34.9 mm/180 min	0.40	大雨	13 mm/17 min	0.90	暴雨

续表

次降雨	径流系数	分级	次降雨	径流系数	分级
4 mm/25 min	0.47	中雨	9.3 mm/25 min	0.93	暴雨
13 mm/17 min	0.57	暴雨	9.3 mm/25 min	0.98	暴雨

通过 52 场降雨资料和实际监测的 12 次降雨数据，微雨、小雨、中雨、大雨、暴雨分别占 17％、27％、37％、15％、4％；80％的降雨在 30 min 内完成；能形成农田径流的降雨强度为中雨以上。降雨以 30 min 内雨量进行分级，次降雨量不超过 1 mm 的为微雨，对土地无影响；1～1.5 mm 为小雨，土壤表面湿润，产生小水洼；1.5～4 mm 为中雨，地表水洼很快产生径流；4～8 mm 为大雨，产生径流冲刷土壤；>8 mm 为暴雨，径流冲刷土壤，破坏土层。按能形成径流的降雨强度出现的百分比，对 24 个有径流形成的降雨样品赋予权重中雨 0.65、大雨 0.28、暴雨 0.07。应用实测数据，计算降雨径流系数范围 0.03～0.98，加权平均后得到莫家沟小流域降雨径流系数 0.32。

三、面源污染物输移过程

莫家沟小流域农业面源污染物通过降雨冲击从土壤浸提到径流，由降雨径流携带输出，经河道进入水库。从径流-土壤溶解态氮磷的相互作用过程着手，定量研究各影响因素对坡地氮磷物质迁移的耦合作用，为揭示土壤氮磷流失机理和减少农业面源提供理论依据。首先交代降雨输入 N、P 特征，然后分析土壤 WEN、WEP 和径流 DTN、DTP 流失负荷，最后总结农业面源污染物输移过程的特点。

（一）降雨氮磷输入

雨养旱地农业非点源污染产生的自然驱动力是降雨，而降雨是难以预测和突发性的，具有年内年际时空分布的不均一性。莫家沟小流域面积不到 5 km²，空间上差异性可以忽略；但从时间上看，降雨主要集中在 5—9 月，能产生径流的有效降雨多发生在 6—8 月，2008 年和 2009 年共采集雨水样品 28 次，具体各形态 N、P 分析结果见图 4-5。

从图 4-5 可知，莫家沟小流域雨水中 TN 总体趋势稳定，含量 0.416～4.976 mg/L，平均浓度 2.007 mg/L。NH_3-N 浓度 0.083～1.951 mg/L，NO_3^--N 浓度 0.07～2.233 mg/L。仅 8 月底次降雨中有 NO_3^--N 浓度大于 NH_3-N 浓度。经 SPSS 两个独立样本检验，Mann-Whitney、Kolmogorov-Smirnov、Moses 和 Wald-Wolfowitz 四种方法计算的 p 值均大于 0.05，雨水中 NH_3-N 平均浓度 0.807 mg/L 稍高于 NO_3^--N 平均浓度 0.616 mg/L，但 NH_3-N 与 NO_3-N 无显著差异。

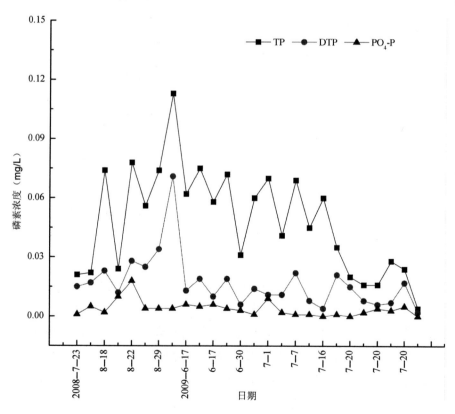

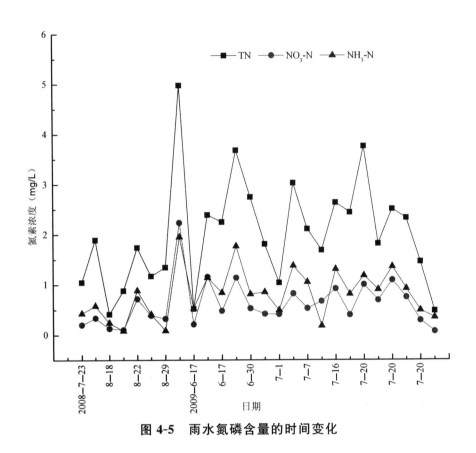

图 4-5　雨水氮磷含量的时间变化

　　降雨溶解态氮素分布与农业地区如太湖地区、下辽河平原湿沉降中 NH_3-N 高于 NO_3^--N 一致（王小治等，2004；宇万太等，2008），但与南方工业发达、城市化水平高的地区降雨中不同形态氮的构成比例有所不同（梅雪英和张修峰，2007）。主要原因是农业地区空气中 NH_4^+ 主要来自土壤、肥料和家畜粪便中 NH_3 的挥发（Asman 等，1992）；不像人口密集、工业交通发达的地区，是由工业和民用燃料燃烧及汽车尾气等产生大量的 NO_3^-，使得大气湿沉降中 NO_3^- 浓度大于 NH_4^+。莫家沟小流域位于山区，附近没有工矿企业，人口稀疏，施肥及家畜粪便随意堆放等农事活动对 NH_4^+ 浓度影响较大。虽然 8 月末，东北农村昼夜温差加大，农民开始烧火炕，加上当地居民一直采用燃烧秸秆采暖、做饭等传统的生活方式，增加了大气中的 NO_3^- 含量，但降雨强度和降雨频次减少,对雨水中 $NO_3^- - N$ 和 $NH_3 - N$ 含量影响不明显。

莫家沟小流域降雨中 DTP 和 $PO_4^{3-} - P$ 含量稳定,其中 DTP 含量 $0.01 \sim 0.1$ mg/L,$PO_4^{3-} - P$ 范围 $0.01 \sim 0.035$ mg/L。与氮素相对活跃的性质不同,磷素的磷酸钙等正磷酸盐和磷酸氢盐的溶度积较小、难溶于水(杨龙元等,2007)。成雨气团在大气环流运动过程中能大量吸收、吸附沿途气体中的含氮物质,增加雨水中各种含氮化合物的浓度,并随气流输送至较远区域,大气中因降雨稀释的氮素能很快得以补充;反之,气溶胶中含磷颗粒污染物在气团输移过程中较易通过重力沉降、粒子间的碰并作用等沉降至地面而离开气团,难以随气流输送至较远地区。因此,在连续几次降雨后,降雨中磷素含量趋低。

根据莫家沟小流域多年平均降雨量和实测降雨中平均 N、P 浓度,计算出每年平均随降雨沉降到农田生态系统的 N、P 负荷,见表 4-9。其中,TN 单位负荷率 4.12 kg/hm²,$NH_3 - N$ 和 $NO_3^- - N$ 分别是 1.66 kg/hm²、1.27 kg/hm²,占 TN 的 40% 和 31%;$PO_4^{3-} - P$ 单位负荷 0.01 kg/hm²,占 TP 的 0.17 kg/hm² 的 6%。研究区 N、P 湿沉降率均低于下辽河平原(宇万太等,2008)、太湖(杨龙元等,2007;王小治等,2004)和上海地区(梅雪英和张修峰,2007)降雨氮素沉降率;同比低于加拿大(Schindler 等,2006)、地中海地区(Markaki 等,2008)、日本 Ashiu 森林地区(Tsukuda 等,2005)和美国佛罗里达州(Pollman 等,2002)N、P 湿沉降率。

表 4-9 研究区和其他地区 N、P 大气湿沉降率 单位:kg/hm²

地区	年降雨量(mm)	TN	$NH_3 - N$	$NO_3^- - N$	DTP(TP)	文献
莫家沟	642	4.12	1.66	1.27	0.01(0.04)	本研究
下辽河平原	545	16.97	8.77	4.17	—	宇万太等,2008
太湖周边	1084	33.58	—	—	(0.87)	杨龙元等,2007

续表

地区	年降雨量(mm)	TN	NH$_3$-N	NO$_3^-$-N	DTP(TP)	文献
上海地区	1230	—	26.58	31.54	—	梅雪英和 张修峰,2007
太湖常熟	1188	27.0	12.8	9.4	—	王小治等,2004
the Mediterranean Sea	760	7.99	—	—	0.22	Markaki 等,2008
Canada	1200	5～15	6.00	5.00	—	Schindler 等,2006
Japan	2323	—	—	—	0.080	Tsukuda 等,2005
Florida,USA	1610	—	—	—	0.075	Pollman 等,2002
Wisconsin,USA		13.2			0.3	Keeney,1978

来自大气湿沉降中的 N、P 负荷与降雨量和大气中 N、P 浓度有关,莫家沟小流域 TN、DTN、NH$_3$-N、NO$_3^-$-N、TP、DTP 和 PO$_4^{3-}$-P 年沉降负荷分别为 688、487、276、211、29、7 和 2 kg/y。这部分由降雨带到陆地生态系统的 N、P 不会停留在土壤系统中,而是通过径流输入到其他系统中。

(二)径流氮磷流失

莫家沟小流域次降雨径流中 N、P 浓度监测数据见图 4-6。

次降雨径流中的 TN、TP 浓度波动较大,溶解态 N、P 浓度变化较小,径流 N、P 流失过程中,氮主要以溶解态氮流失为主。其中,又以 NO$_3^-$-N 所占比例较大。表 4-10 显示了莫家沟小流域所监测径流样品的 N、P 平均浓度、随径流流失的污染负荷和单位溶解态 N、P 负荷率。

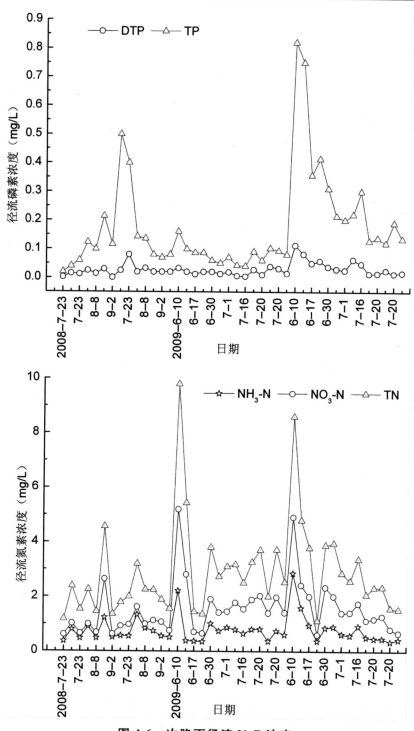

图 4-6　次降雨径流 N、P 浓度

表 4-10　径流 N、P 平均浓度及负荷

项目	$PO_4^{3-}-P$	DTP	TP	NH_3-N	NO_3^--N	DTN	TN
N、P 浓度(mg/L)	0.016	0.028	0.178	0.772	1.545	2.432	2.930
N、P 负荷(kg/y)	5.5	9.6	61.0	264.4	529.1	832.9	1003.4
N、P 流失水平(kg/hm²)	0.03	0.06	0.37	1.59	3.17	5.00	6.02

经 SPSS 两个独立样本检验,Mann-Whitney、Kolmogorov-Smirnov、Moses 和 Wald-Wolfowitz 计算的 p 值均小于 0.05,径流 NH_3-N 平均浓度 0.772 mg/L 显著低于 NO_3-N 平均浓度 1.545 mg/L。径流 DTN 负荷占 TN 的 83%;NO_3^--N 负荷又占 DTN 负荷的 64%,NH_3-N 占 DTN 的 32%,径流中溶解态无机氮占到 DTN 负荷的 96%,溶解态有机氮占 DTN 负荷仅 4%。径流携带磷流失负荷较径流氮流失少,径流 DTP 占 TP 负荷的 16%,间接说明吸附态磷占径流磷流失负荷的 84%,磷流失以吸附态为主。

自然降雨条件下,莫家沟小流域径流 TN、DTN 流失水平分别为 6.02 kg/hm²、5.00 kg/hm²,TP 流失水平 0.37 kg/hm²。与人工降雨条件下,北京地区径流中 TN 流失水平 9.28 kg/hm²、DTN 流失水平 0.095 kg/hm²(黄满湘等,2003b)以及官厅流域农田径流 TP 流失水平 2.67 kg/hm²(黄满湘等,2003a)差异较大。模拟人工降雨多为暴雨或大暴雨强度,所以人工降雨条件下,径流 TN、TP 流失水平显著增加。美国进行 34 个河口流域调查发现,农业流域的径流 TN 流失范围 0.7～21.3 kg/hm²,平均 7.9 kg/hm²,大于城市流域 TN 平均 2.7 kg/hm² 的流失水平(Castro 等,2003)。

(三)降雨-土壤-径流系统的溶解态氮磷迁移

溶解态 N、P 负荷在降雨-土壤-径流系统中的输移过程为含有氮磷的雨水下降到土壤表面,在与土壤短暂接触中,浸提部分土壤溶解态氮磷,随后形成地表径流从土-水系统中输出,并经过

一定的迁移进入受纳水体。综合第三章土壤溶解态 N、P 输出，降雨 N、P 输入和降雨径流 N、P 流失内容，汇总莫家沟小流域溶解态 N、P 在降雨-土壤-径流系统中各阶段的污染物浓度和负荷见表 4-11。

表 4-11　降雨-土壤-径流系统的溶解态 N、P 负荷分布

项目	降雨		土壤		径流	
	浓度 (mg/L)	负荷率 (kg/hm²)	浓度 (mg/L)	负荷率 (kg/hm²)	浓度 (mg/L)	负荷率 (kg/hm²)
PO_4^{3-}-P	0.005	0.01	0.124	0.003	0.016	0.03
DTP(WEP)	0.020	0.04	0.163	0.004	0.028	0.06
NH_3-N	0.807	1.66	1.046	0.025	0.772	1.59
NO_3^--N	0.616	1.27	2.455	0.059	1.545	3.17
DTN(WEN)	1.423	2.92	4.025	0.097	2.432	5.00

注：WEP 和 WEN 分别表示土壤溶解态氮和土壤溶解态磷。

降雨携带的溶解态 N、P 与土壤系统作用后，不会停留在土壤系统中，而是通过径流输送到水环境。除 NH_3-N 可能由于蒸发损失一部分外，其他氮磷形式成为径流主要组分，导致水环境面源污染。随雨水输入径流的 DTN、DTP 负荷占径流 DTN、DTP 负荷的 58% 和 67%；径流从 0～2 mm 深度的土壤中浸提出 WEN、WEP 仅占径流 DTN、DTP 总负荷的 2% 和 7%。说明径流溶解态氮磷负荷 40% 的 DTN 和 26% 的 DTP 来自 >2 mm 深度土壤所含的溶解态氮磷。经反推测算，土壤 0～40 mm 深度的溶解态氮、0～10 mm 深的土壤溶解态磷均有从土壤向径流输移的可能。可见，在所监测到的有降雨径流形成的中等雨强的次降雨事件中，降雨-土壤-径流相互作用深度是 40 mm，即表层土壤 0～50 mm 可作为土-水充分混合作用深度。

对于溶解态 NH_3-N、NO_3^--N 而言，经 SPSS 非参数检验，雨水中的 NH_3-N、NO_3^--N 浓度无显著差异，土壤中 NH_3-N 和 NO_3^--N 浓度具有显著差异性，径流中 NH_3-N、NO_3^--N 浓度呈显

著差异。虽然径流中溶解态总氮负荷主要来源于降雨输入，但溶解态总氮浓度受土壤溶解态总氮输出影响较大。但降雨输入径流的 $NO_3^- -N$ 负荷占径流总 $NO_3^- -N$ 负荷 40％，来自土壤输出的 $NO_3^- -N$ 负荷占到径流总 $NO_3^- -N$ 负荷的 60％，径流溶解态 $NO_3^- -N$ 来自土壤溶解态 $NO_3^- -N$ 向径流的溶出迁移。不同于 $NO_3^- -N$ 易随径流传输的特征，磷通常与土壤颗粒结合被输移。表 4-11 显示，径流 DTP 负荷的 67％来自降雨输入，从土壤浸提出来的溶解态 DTP 占 33％。径流 DTP 浓度和负荷以降雨输入为主。

第五节　小结

莫家沟小流域径流浸提土壤溶解态 N、P 回归方程分别为，土壤-径流溶解态氮迁移方程：$y=0.361x+0.978(R=0.894)$、土壤-径流溶解态磷迁移方程：$y=0.281x-0.179(R=0.943)$；土壤溶解态氮磷每减少 1 个单位，径流溶解态 N、P 负荷可分别减少 28％和 36％。莫家沟小流域径流 TN、DTN、TP 单位面积负荷率分别为 6.02 kg/hm²、5.00 kg/hm²、0.37 kg/hm²；径流 TN、DTN、TP 流失负荷分别是 1003.4 kg/y、832.9 kg/y、61.0 kg/y。降雨和土壤的相互作用深度表现为溶解态 TN 和 TP 深度分别为 0～40 mm 和 0～10 mm。土壤-径流系统中，径流 DTN、DTP 负荷的 58％和 67％来自大气湿沉降。

第五章 农业面源污染调控 措施的防治效果

我国面源污染防治研究总体比较落后,但水土流失防治体系完善,水土保持示范小区分布广泛。水保措施的保土蓄水减沙功能显著,为农业土地资源可持续提供了有力保障。水土保持措施对水环境质量的影响,尤其是水保措施的面源污染防治效果研究甚少。"东北黑土区水土流失综合防治一期工程饮马河流域吉林省长春市莲花山流域项目"的实施,为我们提供了研究契机。选取等高打垄(横垄)耕作措施和坡式梯田措施(见图 5-1),从 N、P 的溶解态和吸附态两种形态进行面源污染减少效果研究,以期为石头口门水库水环境保护和流域综合管理提供理论数据和方法指导。

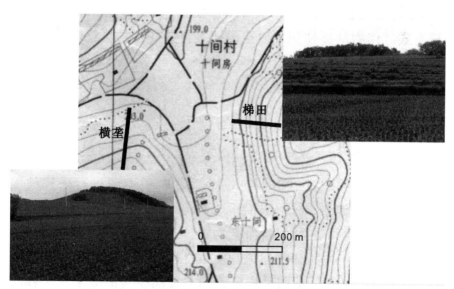

图 5-1 采样坡面位置和实施措施的采样地块

第一节　横垄措施的面源污染

等高种植措施(contour farming)是沿着坡面等高线种植,结合秸秆覆盖、免耕等保护性措施,能够使更多的降水渗入土壤,减轻水土流失,一定程度上降低了农田土壤养分的流失,理论上能够实现农业面源污染危害的减少。研究区采用的等高耕作措施虽然主体垄向与等高线大概一致,但并没有严格按等高线种植,我们称之为横垄。由于农业面源污染主要发生在降雨高发期,在莫家沟小流域也是玉米生长期,不存在秸秆覆盖、免耕等措施,与传统的水土保持措施的研究有所区别。

一、采样坡面概况

采样坡面位置见图 5-1(左下方为采样地块实景),位于小流域北坡,坡长 224 m,相对高差约 15 m,地形为黑土区典型的丘陵地,平均坡度 6%(3.5°)。每年 4 月底春翻、起垄是常用的农田管理方式。作物从播种到成熟期的地表覆盖变化趋势见图 5-2。

二、样品采集及分析

(一)土壤样品

利用地质罗盘仪、GPS 以及 1∶10000 地形图进行采样坡面高程和坡度的测量。土壤样品采集沿着北坡分别设计相距 20 m 的 3 个平行断面;在每个断面上选择 9 个样点,各采样点分别距离坡顶 10、30、50、70、90、110、140、160 和 214 m。每个采样点取耕层土壤约 2000 g,不同采样断面同一坡面位置的 3 个土壤样品充分混合,取 2000 g 装入自封袋,带回实验室。土壤样品自然风干,压碎,过孔径 2 mm 筛子,称重粒径小于 2 mm 土样约 400 g 装入标准样品盒,待测放射性核素比活度;耕层土壤样品约 100 g,密封;次降雨前取集流区表层土样 100 g 左右密封,待测新鲜土壤的溶解态 N、P 含量。^{210}Pb$_{ex}$采用 γ 光谱测定法,测试仪器为美国堪培拉公司(CANBERRA)生产的高纯锗(HPGe)探头多道 γ 能谱仪 BE5030。

图 5-2　横垄措施作物生长期内地表覆盖

(二)径流样品

在横垄地块安装简易收集径流装置,每次降雨前后清理干净集流桶,即时观察降雨产流过程和采集桶内混合径流样品 1000 ml 左右。径流样品 TN、DTN、NH$_3$-N、NO$_3^-$-N、TP、DTP、PO$_4^{3-}$-P 及土壤溶解态 N、P 均用紫外可见分光光度计(TU-1900)测定。

（三）径流含沙量测定

首先分三点测量集流桶内水深；然后将桶内的泥沙搅匀，边搅动边用取样瓶进行浑水取样（约 1000 ml）；取回的水样在实验室内用过滤法测定含沙量。水样用滤纸过滤，然后将附有泥沙的滤纸置于烘箱内在 105℃ 恒温条件下烘 24 h，测量滤纸和泥沙的重量，减去滤纸的烘干重量得泥沙干重，与水样体积相除，即得水样含沙量。再做一个重复。取二者含沙量的平均值为该泥沙重量下传统测量方法的平均含沙量。

三、横垄措施坡面土壤再分布

对坡面样点所采土样进行分析、测定，采样点的土壤容重平均 1.20 g/cm³；土壤含水量平均 12%。从坡顶到坡底 $^{210}Pb_{ex}$ 面积活度范围 5562～8464 Bq/m²，均小于研究区 $^{210}Pb_{ex}$ 背景值 8954 Bq/m²，说明该坡面在过去 100 a 间经历了土壤侵蚀过程。运用农耕地 $^{210}Pb_{ex}$ 的土壤流失厚度公式（3-2），计算土壤侵蚀速率。坡面各样点 $^{210}Pb_{ex}$ 面积活度、土壤侵蚀速率计算结果和土壤物理性质见表 5-1。

表 5-1　坡面样点土壤物理性质和核素活度

序号	距坡顶（m）	坡度（°）	含水量（%）	容重（g/cm³）	$^{210}Pb_{ex}$（Bq/m²）	侵蚀厚度（cm/a）
1	10	0.9	14	1.16	7608	0.08
2	30	5.1	13	1.14	6049	0.22
3	50	6	12	1.19	6040	0.22
4	70	3.9	11	1.25	7079	0.12
5	90	5.4	8	1.23	5562	0.28
6	110	3.4	14	1.29	8464	0.03

序号	距坡顶 （m）	坡度 （°）	含水量 （%）	容重 （g/cm³）	$^{210}Pb_{ex}$ （Bq/m²）	侵蚀厚度 （cm/a）
7	140	5.6	11	1.20	6404	0.18
8	160	3.8	11	1.21	6344	0.19
9	214	0.2	16	1.12	5724	0.26

坡面核素活度可分为两个下降阶段，从坡顶到距离坡顶90 m处，是一个小幅的下降段，土壤侵蚀厚度和侵蚀模数相应地上升，前者分别从0.08 cm/y增加到0.28 cm/y、后者从2173 t/（km² y）增加到3806 t/（km² y）。坡中110 m处到坡底，土壤核素活度从8464 Bq/m²下降到5724 Bq/m²，相应地，土壤侵蚀厚度从0.03 cm/y上升到0.26 cm/y，侵蚀模数从342 t/（km² y）上升到3157 t/（km² y）。在凹凸混合坡型坡面约1/2处，是侵蚀强度急剧变化的拐点。与Fang等（2006）、阎百兴和汤洁（2005）研究坡底出现沉积的情况不同，研究区坡底侵蚀较高，分析原因可能是坡底采样点距离季节性河流莫家沟河岸仅10 m，雨季汛期由于暴雨或特大暴雨导致河水涨退，冲刷不断，造成沟岸土壤侵蚀加剧。

土壤含水量范围8%～16%，同样具有两个下降阶段，不同的是坡底土壤含水量较高，这与坡底处于河漫滩地、地势平坦、潮湿有关；而且，水土流失造成的坡面上段径流向下输送，也可增加坡底土壤的含水量。坡面土壤容重1.14～1.29 g/cm³，与阎百兴和汤洁（2005）研究坡面土壤容重范围1.17～1.30 g/cm³相近，反映了经过150年左右的耕作，土壤容重由自然黑土的1.0 g/cm³逐渐增加到近1.3 g/cm³。经SPSS单一样本t检验，双尾t检验的p值<0.05，土壤容重、土壤含水量样本平均值与自然植被土壤容重、含水量总体均值有显著差异。可见，侵蚀增加了土壤容重，降低了土壤含水量。

坡长、坡度地形因子是影响农田土壤侵蚀模数的重要因子，坡面土壤侵蚀模数见图5-3。坡度直接影响雨滴打击地面的角度、坡面径流的动能及对地表的冲刷能力。坡度越大,雨滴落地的入射角越小,雨滴分散土壤颗粒的分力就大,径流能量集中,携沙力强,侵蚀作用强。坡度增大,坡地物质的流失量加剧,加剧程度还取决于雨强(驱动力)大小,黄土高原坡度与土壤侵蚀量的关系依据雨强不同,呈现幂函数和线性关系两种(王辉,2006);东北松嫩平原黑土区农地土壤流失厚度(A,mm/y)与坡度(θ,°)呈线性相关,$A=0.7379\theta$(刘宝元等,2008)。图 5-3 也显示土壤侵蚀模数与坡度有一定的相关性,将横垄坡面土壤侵蚀模数(y)与坡度(x)进行相关分析,得出两者的幂函数关系式,$y=33.631x^{2.6049}$($R^2=0.5498$)。同时可以看到,相同坡长 20 m,坡度 5.1°的土壤侵蚀厚度 0.22 mm/y 较坡度 3.9°的土壤侵蚀厚度 0.12 mm/y 高,尤其是在坡度土壤变陡的位置,土壤侵蚀较为严重。

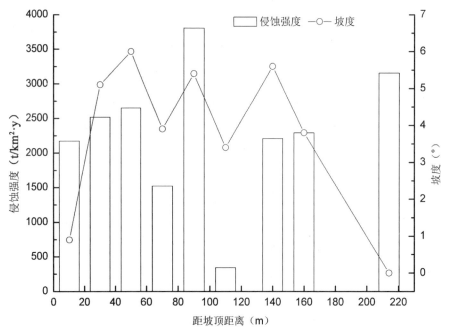

图 5-3　横垄坡面土壤侵蚀强度空间分布

　　坡度相同而坡长不同时,因长坡垂直高度大,汇水面积和径流量大,水的流速增大,侵蚀增强,水的携沙能力强,水土流失就大。但是当坡长到一定长度后,径流的携沙能力反而降低。坡位不同,土壤的流失量也不同,坡上段水流快,携沙能力强,坡下段水流减慢,径流中泥沙含量低,土壤流失量减少。表 5-1 显示,坡面上段 90 m 的坡长平均土壤侵蚀量 2534 t/(km² y),而从 90 m 到坡底的共 124 m 坡长距离内平均土壤侵蚀量 2000 t/(km² y)。经 SPSS 独立样本 t 检验,p 值>0.05,虽然坡面上段土壤侵蚀量高于坡面下段土壤侵蚀量,但并无显著性差异。

四、横垄措施的坡面污染物负荷

(一)坡面土壤溶解态污染负荷

随坡面土壤侵蚀变化的不同,流失土壤携带的面源 N、P 污染负荷也随之变化。根据土壤侵蚀量和侵蚀土壤的溶解态 N、P 含量,计算坡面各采样点的 N、P 污染负荷,见表 5-2、表 5-3。横垄坡面每年因土壤流失的溶解态 N、P 负荷分别为 WEN 106～194 g/hm²、WEP 2～17 g/hm²;WEN 和 WEP 平均值为 156 g/hm² 和 11 g/hm²。坡底的 N、P 污染物流失水平与坡面上段相比,均处于坡面下段流失严重地段。

表 5-2　横垄措施随土壤流失的溶解态氮负荷

序号	WEN		$NO_3^- $-N		NH_3-N	
	浓度（mg/kg）	单位负荷（g/hm²）	浓度（mg/kg）	单位负荷（g/hm²）	浓度（mg/kg）	单位负荷（g/hm²）
1	20.42	189	13.05	121	7.26	67
2	6.58	165	3.97	100	2.57	64
3	5.08	133	3.18	83	1.84	48
4	8.69	130	5.58	84	3.09	46
5	5.63	194	3.26	112	2.09	72

序号	WEN		$NO_3^- -N$		$NH_3 -N$	
	浓度 (mg/kg)	单位负荷 (g/hm²)	浓度 (mg/kg)	单位负荷 (g/hm²)	浓度 (mg/kg)	单位负荷 (g/hm²)
6	27.44	106	25.15	97	2.26	9
7	7.09	153	5.27	114	1.81	39
8	6.56	151	4.49	103	2.05	47
9	6.31	184	4.61	134	1.67	38
平均	10.42	156	7.62	105	2.74	48

表 5-3　横垄措施随土壤流失的溶解态磷负荷

序号	WEP		$PO_4^{3-} -P$	
	浓度(mg/kg)	单位负荷(g/hm²)	浓度(mg/kg)	单位负荷(g/hm²)
1	1.25	12	1.09	10
2	0.68	17	0.64	16
3	0.45	12	0.42	11
4	0.36	5	0.28	4
5	0.41	14	0.38	13
6	0.43	2	0.33	1
7	0.41	9	0.39	8
8	0.61	14	0.47	11
9	0.56	16	0.44	13
平均	0.57	11	0.49	10

　　莫家沟小流域每年随土壤流失的 TN、TP 负荷分别为 29 kg/hm² 和 12 kg/hm²;横垄措施土壤溶解态 TN、TP 流失负荷占侵蚀土壤携带 TN、TP 负荷的百分比分别为 0.7% 和 0.1%,流失的土壤

颗粒是最大的农业面源污染物载体。

（二）坡面降雨径流污染负荷

通过安装野外观测集流桶，收集到横垄措施下 14 次降雨径流样品，室内分析所得次降雨径流 N、P 浓度随监测时间变化情况见图 5-4。

作物生长期内，降雨径流 N、P 浓度中除 NH_3-N 浓度相对稳定外，其他各形态的氮素浓度呈现先下降后趋于稳定的趋势。在相同的土壤质地、坡度、坡长、作物种类和耕作方式下，雨强和地表覆盖是影响地表径流 N、P 污染负荷的主要因素。在观测径流的 6、7、8 月，玉米株高从 20 cm 增加到 270 cm，尤其是 7 月份，玉米快速生长，株高迅速地从 60 cm 增加到 270 cm，地表覆盖变化很大。植被茎叶对降雨的截留作用、作物根系对土壤的固结作用和对径流的阻碍作用，应用 SPSS 非参数统计的 Spearman 相关分析方法，降雨径流中 NO_3^--N、DTN、TN 浓度与降雨日期之间呈现负相关。随着作物生长期增加，降雨径流中 NO_3^--N、DTN、TN 浓度有降低趋势，但相关系数不高，为 -0.459、-0.381、-0.363。

磷素浓度呈锯齿形波状曲线，总体浓度趋于稳定。经 SPSS 非参数统计的 Spearman 相关分析，降雨径流中 PO_4^{3-}-P、DTP 浓度与降雨日期之间呈现负相关，随时间变化，浓度呈现下降趋势，但相关系数较低，为 -0.360、-0.073；径流中 TP 浓度与降雨日期之间呈现正相关。随着作物生长期增加，径流中 TP 有升高趋势，但相关系数不高，为 0.156。

径流 TN、TP 浓度与时间之间的相关性表明，雨季期间，随着降雨次数增多和作物生长变化，径流中 TN、TP 浓度变化趋势不同，反映了氮磷不同的物理化学特征，影响着氮磷污染物的迁移转化过程。

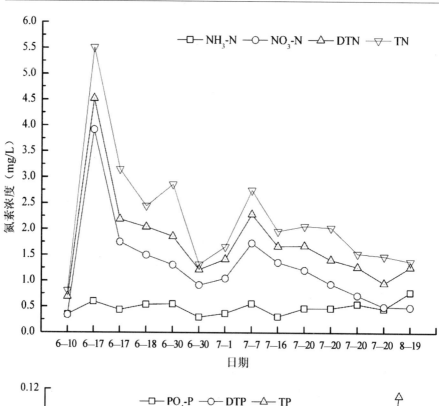

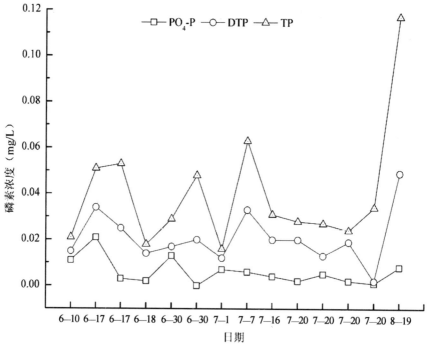

图 5-4 横垄措施地表径流氮磷含量

径流中 TN 流失负荷与污染物浓度呈负相关，但 Spearman 相关系数很低，仅为 -0.007；与单位径流量显著正相关，Spearman 相关系数为 0.944**。图 5-5 显示不同植被覆盖（玉米株高表示）的氮磷负荷。在玉米高度相同条件下（6 月 17 日、18 日的 3 场降雨或 7 月 20 日 3 场降雨），污染物负荷与流量变化一致。不同玉米高度，如 6 月 17 日与 7 月 20 日，玉米株高相差 160 cm，各形态氮素浓度相差近 50%，但是单位径流量在 1000～1500 ml/m^2，6 月 17 日和 7 月 20 日的 NH_3-N、NO_3^--N、DTN、TN 污染负荷分别是 5.0、19.8、24.8、35.7 g/hm^2 和相对应的 6.6、13.3、19.9、28.6 g/hm^2，变化不大。径流 TP 流失负荷与浓度的 Spearman 相关系数为 0.403，两者之间正相关性不大；而与径流量有显著正相关，Spearman 相关系数为 0.907**；径流 TP 负荷与浓度和单位径流量关系与 TN 一致。

横垄措施下，降雨径流产生的溶解性无机氮负荷占 TN 的 82%，其中，NO_3^--N 占 TN 的 62%，NH_3-N 占 20%；NO_3^--N 依然是农田径流氮素流失的主要形态。径流流失的 DTP 占 TP 的 56%。随径流流失的 NH_3-N、NO_3^--N、DTN、TN、PO_4^{3-}-P、DTP、TP 负荷分别为 6、18、24、29、0.07、0.28、0.50 g/hm^2。

综合比较横垄坡面土壤 WEN、WEP 流失负荷率与横垄措施径流 DTN、DTP 流失负荷率，土壤流失携带 N、P 负荷远大于径流 N、P 负荷。其中，径流 DTN 流失负荷 24 g/hm^2 占流失土壤携带的平均 WEN 负荷 156 g/hm^2 的 15%；一旦土壤随径流进入水环境，土壤 WEN 会对水环境产生直接影响。与氮素不同，径流 DTP 负荷率为 0.28 g/hm^2，与土壤 WEP 负荷率 11 g/hm^2 相比，径流携带 DTP 负荷率不到土壤 WEP 负荷率的 3%，说明在土壤液相中的溶解态磷素，在与地表径流相互作用过程中，从土壤迁移到径流中的磷素也是很小部分。

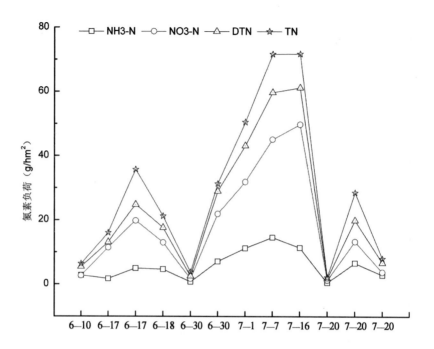

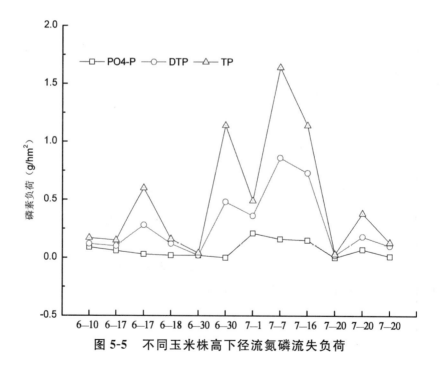

图 5-5　不同玉米株高下径流氮磷流失负荷

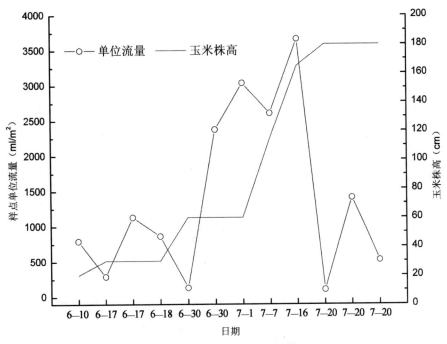

图 5-5　不同玉米株高下径流氮磷流失负荷(续)

(三)横垄措施降雨径流产沙量

图 5-6 可见,径流泥沙量随植被覆盖度的变化趋势与单位径流产生趋势相同,单位面积侵蚀泥沙量从 0.02 t/km² 到 228 t/km²,3 次大的降雨泥沙产生量可占全部泥沙产生量的 90%,均发生在玉米生长快速期,株高近 200 cm 时期,同时也是温度高、降雨强度较大、较集中时期。并没有出现通过人工降雨,只考虑单一影响因素条件下,植被覆盖度愈高,水土流失愈少(Castillo,1997)和高的植被覆盖度增加流域土壤矿质氮向径流的释放(张兴昌等,2000)的现象。而且在局部时期内(6 月 10 日—7 月 16 日),随着植被覆盖度的增加,单位面积径流量及其携带泥沙量增加,除了 NH_3-N 和 PO_4^{3-}-P 负荷相差较少且在整个生长期内流失稳定外,其他形态的 N、P 流失负荷相差较大。

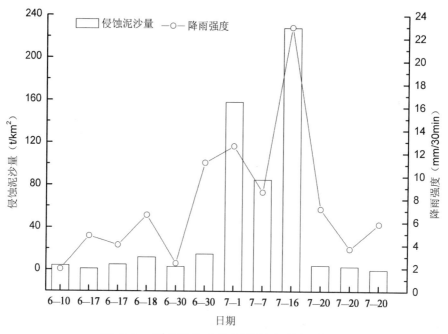

图 5-6　横垄措施次降雨径流侵蚀泥沙量

在自然降雨条件下,Spearman 相关分析显示,横垄侵蚀泥沙产生量与雨强的相关系数 0.737＊＊,与玉米株高的相关系数 0.422。横垄措施条件下,玉米株高即植被覆盖度对径流、侵蚀泥沙及其污染负荷的影响较小,而雨强在污染物流失过程中是决定影响因素。

五、横垄措施的面源污染减少效果

由于莫家沟小流域农田已经实施了顺坡改横垄的水土保持措施,目前无顺垄耕作的地块,故采用修正的通用土壤流失方程(revised universal soil loss equation,RUSLE)进行模拟,得到无措施条件下(坡面顺垄耕作)的土壤流失量,运用模拟结果可以反过来评价横垄措施的污染减少效应。

美国通用土壤流失方程 USLE 是预报坡地多年平均年土壤流失量的经验性方程。该方程全面考虑了影响土壤侵蚀的自然因素,并通过降雨侵蚀力、土壤可蚀性、坡度坡长、植被覆盖和水土保持措施五大因子进行定量计算。

$$A = R \times K \times L \times S \times C \times P \tag{5-1}$$

式中:A,年平均土壤流失量(t/hm²);R,降雨侵蚀力[(MJ mm)/(hm² h y)];K,土壤可蚀性[(t h)/(MJ mm)];L,S,地形(坡长坡度)因子;C,耕作管理因子;P,水土保持因子。

修正通用土壤流失方程 RUSLE 及 RUSLE 2 版的方程表达式与 USLE 相同,但在数据输入方面做了改进。应用 2008 年 5 月颁布的 RUSLE 2.0 软件,建立研究区气候、土壤、地形、耕作管理、水土保持数据库,以横垄措施条件进行模型参数的率定和验证。

通过建立的研究区数据库,运行 RUSLE 2.0 模型,得到该横垄措施坡面泥沙输移率为 2100 t/(km² y),与应用 $^{210}Pb_{ex}$ 示踪技术计算坡面土壤侵蚀模数 2297 t/(km² y)接近,故以此条件下进行顺垄的泥沙输移率计算。在与图 5-7 田间管理一致的条件下,只是改变横垄耕作方式为顺垄,得到顺垄泥沙输移率为 6200 t/(km² y),见图 5-8。比较可知,研究区采用横垄措施较顺垄耕作,能减少泥沙输移负荷 63%。这与东北黑土区重点小流域的监测结果相似,即与顺垄相比,横垄可减少泥沙 31%~68%(阎百兴等,2010)。已知面源溶解态 N、P 与土壤溶解态 N、P 迁移具

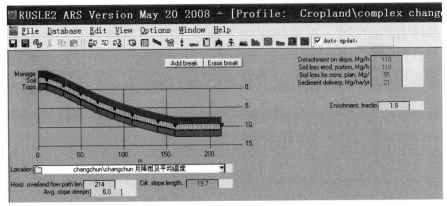

图 5-7　应用横垄措施数据校准 RUSLE 2.0 模型

有相关性,故认为,采用横垄措施,可使农业面源溶解态 N、P 负荷减少约 63%。

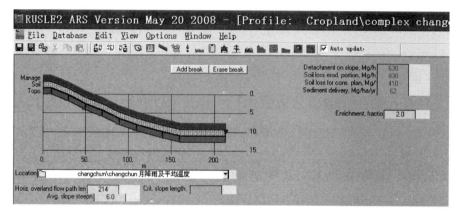

图 5-8　运用 RUSLE 2.0 模型模拟顺垄的土壤侵蚀

第二节　梯田措施的面源污染

梯田措施(Terraces)是一种有效的水土保持坡面治理工程措施,通过拦蓄天然降水以及上部来的径流和泥沙,能够使得土壤水分和肥力有所增加,改变土壤的理化性状、微生物状况、土壤水分状况、减蚀蓄水作用及微地形小气候等,具有良好的水土保持效益和生态效益。但由于水土保持和面源污染防治的出发点或关注点不同,同一措施应用到不同研究领域的环境效果也有差异,通过研究梯田措施的面源污染防治效果,为水土保持措施在面源污染治理中的应用提供措施优选依据。

一、采样坡面概况

采样区位于小流域的一西坡,见图 5-1(右上方为梯田地块实景),坡长 190 m,相对高差约 20 m,坡面整体平均坡度 11%(6°)左右。

二、样品采集与分析

土壤样品采集沿着坡面分别设计相距 30 m 的 3 个平行断面;在每个断面上选择 7 个样点,各采样点分别距离坡顶 20、50、80、110、140 和 190 m。具体土壤、径流样品的采集和分析方法同横垄措施。

三、梯田措施的截流减沙效果

(一)梯田措施径流减少作用

次降雨事件下横垄和梯田措施的单位径流量如图 5-9 所示。梯田措施的单位径流量随雨强不同表现出极大的差异性,从 96 ml/m² 到 2443 ml/m²,相差 25 倍,而雨强相差不到 10 倍,分别对应于 2.4 mm/30 min 和 22.94 mm/30 min。强降雨条件下,地表径流更容易发生,其危害性更强,最高径流量是平均流量的 2.94 倍。梯田措施平均径流量 775 ml/m²,低于横垄平均径流量 1412 ml/m²。与横垄措施相比,梯田可减少 45% 降雨径流产生,具有较好的减流效果。SPSS 独立样本 t 检验显示,$p=0.109>0.05$,说明横垄和梯田两种不同措施单位面积径流量的产生存在一定的差异,但并不存在显著性差异。

(二)梯田措施泥沙控制效果

梯田措施下实测 12 次(1 次除外)降雨径流引起的泥沙输移率小于横垄地块的泥沙输移率。图 5-10 显示,3 次大的降雨累积侵蚀泥沙 115 t/km²,占监测侵蚀总量的 86%。30 min 降雨强度在 1.9～22.9 mm 范围内,次降雨泥沙产生量从 1 t/km² 到 51 t/km² 不等,是横垄措施的 26%。SPSS 独立样本 t 检验显示,$p=0.177>0.05$,说明横垄和梯田两种不同措施在相同降雨强度条件下,单位面积泥沙输移率不存在显著性差异。

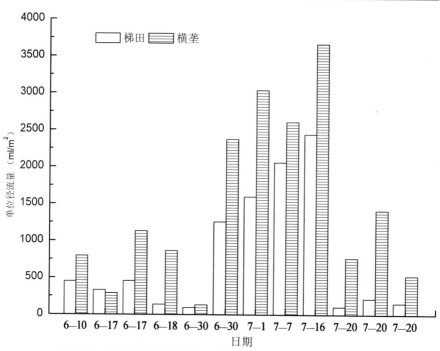

图 5-9　次降雨横垄和梯田措施的单位径流产生量对比

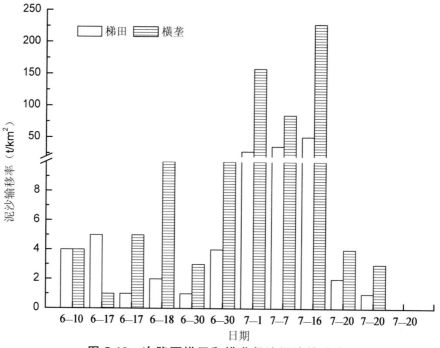

图 5-10　次降雨梯田和横垄径流泥沙输移率

应用 RUSLE 2.0 模型模拟梯田措施实施前后坡面径流泥沙输移率,见图 5-11。

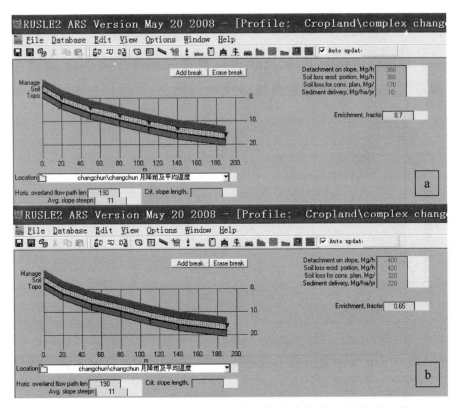

图 5-11　运用 RUSLE 2.0 模拟梯田措施实施前后泥沙输移率
(a,梯田措施;b,顺垄)

坡面如果不加保护,并且顺垄耕作,泥沙输移率可达 220 t/hm²; 梯田工程措施的修建,坡面土壤侵蚀率可降到 10 t/hm²,减少土壤流失 95％。徐乃民和张金慧(1993)通过总结分析全国 7 个省、11 个县市的水平梯田措施效果数据,水平梯田较修建水平梯田前的坡地减少土壤流失和径流产生分别为 96.2％和 89.6％。SPSS 单一样本检验,自然降雨条件下,梯田措施的泥沙输移率与顺垄耕作和横垄耕作措施的平均泥沙输移率相比,$p < 0.001$,说明梯田可显著减少土壤流失。

四、梯田措施的面源污染控制

（一）径流 N、P 流失负荷

不同降雨强度下,径流和土壤携带的面源污染 N、P 负荷也随之变化。通过分析实测梯田降雨径流 N、P 浓度(图 5-12),发

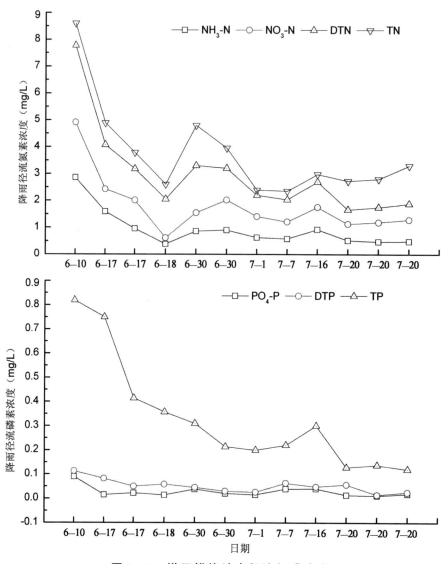

图 5-12 梯田措施地表径流氮磷浓度

现作物生长期内梯田措施的径流 N、P 浓度呈现出随时间递减的趋势。其中，径流 TN 浓度与年内降雨日期呈现负相关，Spearman 相关系数为 -0.545，相关性不大；但径流 TP 浓度与年内降雨日期存在显著负相关，Spearman 相关系数 -0.930**。径流 TN、TP 浓度的年内变化趋势与横垄措施一致。

梯田措施的面源 N、P 污染流失负荷与单位径流量见图 5-13。

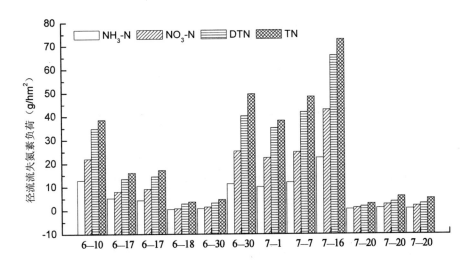

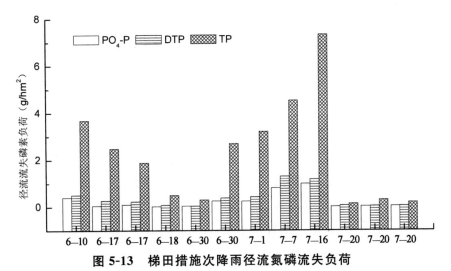

图 5-13　梯田措施次降雨径流氮磷流失负荷

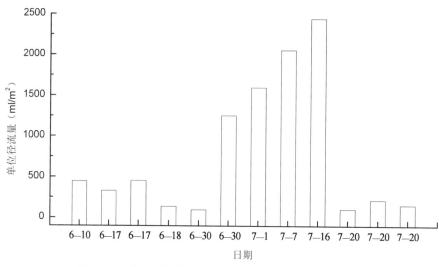

图 5-13　梯田措施次降雨径流氮磷流失负荷(续)

　　梯田措施地表降雨径流 N、P 浓度与农田施肥后土壤溶解态 N、P 的时间衰减规律一致。监测时间是在农田施肥大约 45 d 后进行,径流过程中 N、P 浓度变化相似,均出现初始浓度高,然后随着时间推移和玉米株高的增长,浓度呈现不同程度下降。径流中最大 TN 浓度是最小值的 3.6 倍,最大 TP 浓度是最小值的 6.8 倍。原因是径流中的污染物主要来自降雨和农田地表径流输移过程中浸提土壤表层的可溶态物质,初始的降雨径流能较多的携带土壤水溶性 N、P 物质。流失的溶解态氮以 $NO_3^- $-N 为主,占 60%;而流失的溶解态磷中,$PO_4^{3-} $-P 占 55%,并且 $PO_4^{3-} $-P 和 DTP 浓度均很小,在 0.05 mg/L 上下浮动。磷素浓度与氮素浓度变化略有差异,相比于磷素,氮素波动性较大,并且 4 种污染物浓度变化趋于一致,而溶解态磷素与 TP 变化步调不一,TP 波动性大于溶解态磷,反推可知,吸附态磷素浓度决定着 TP 浓度。

　　SPSS 相关分析可知,梯田措施下径流 TN、TP 流失负荷与梯田措施的单位径流产生量的 Spearman 相关系数分别是 0.923** 和 0.844**,表明梯田措施下径流 TN、TP 流失负荷与梯田措施的单位径流产生量显著正相关。溶解性 DTN 负荷占 TN 的

84％,其中,NO_3^--N 占 TN 的 58％,NH_3-N 占 26％;NO_3^--N 是农田径流氮素流失的主要形态。流失的溶解性 DTP 占 TP 的 17％;吸附态磷素是主要流失形态。

(二)侵蚀泥沙 N、P 负荷

自然降雨条件下,梯田措施径流泥沙量与次降雨强度的相关性分析可知,Spearman 相关系数为 0.643**,说明径流泥沙量与雨强显著相关。图 5-14 显示,梯田措施的径流泥沙量与次降雨强度变化趋势相同,单位面积侵蚀泥沙量从 0.01 t/km² 到 51 t/km²,3 次大的降雨泥沙产生量可占所监测泥沙产生量的 86％,均发生在 7 月上旬,玉米株高近 200 cm,同时也是气温较高、降雨强度集中时期。

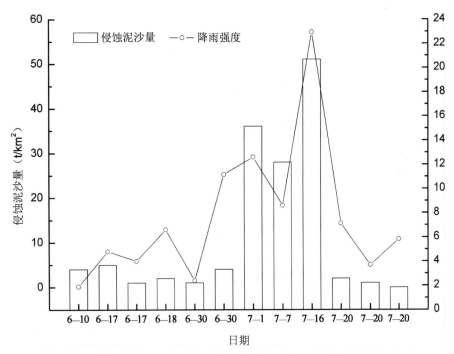

图 5-14　梯田措施不同雨强径流泥沙量变化

梯田措施下植被覆盖、侵蚀泥沙产生量、降雨强度、径流产生量、径流 TN、径流 TP 流失负荷相关分析 Spearman 系数见表

5-4。植被覆盖与侵蚀泥沙产生量和径流 TP 负荷负相关,其他因素呈现不同程度的正相关。侵蚀泥沙负荷率波动较大,与植被覆盖(用玉米株高表征)负相关性较小,随玉米株高增加,侵蚀泥沙负荷率有减少的趋势,但两者无显著负相关。侵蚀泥沙量与降雨强度、径流产生量、径流 TN、TP 负荷均呈现显著正相关。可见,在梯田措施地块,降雨强度是影响农业面源污染产生的决定因素。除去不受人为控制的降雨强度的影响,侵蚀泥沙量和径流 TP 负荷与作物生长状况即植被覆盖负相关,植被覆盖具有阻碍污染产生的作用。

表 5-4　梯田措施植被覆盖与污染负荷的相关性

	侵蚀泥沙量	玉米株高	降雨强度	径流量	径流 TN 负荷	径流 TP 负荷
侵蚀泥沙量	1.000					
玉米株高	−0.172	1.000				
降雨强度	0.643*	0.410	1.000			
径流量	0.767**	0.175	0.734**	1.000		
TN 负荷	0.728**	0.039	0.559	0.923**	1.000	
TP 负荷	0.903**	−0.272	0.494	0.844**	0.876**	1.000

*. Correlation is significant at the 0.05 level (2-tailed);**. Correlation is significant at the 0.01 level (2-tailed)

(三)梯田措施的减污效果

梯田措施与横垄耕作措施的径流 N、P 流失负荷表现出不同的变化,见图 5-15。

同样降雨条件下,横垄耕作措施的 3 次大的降雨累积泥沙输移率为 470 t/km²,占监测总侵蚀量的 91%,是梯田措施泥沙输移的 4 倍。梯田措施的次降雨单位面积径流产生量 96～2443 ml/m²,普遍低于横垄措施下单位面积径流产生量 133～3665 ml/m²。梯田措施降雨地表径流中 N、P 流失平均负荷率分别为:NH_3-N 7、NO_3^--N 14、DTN 22、TN 25;PO_4^{3-}-P 0.25、DTP 0.38、TP 2.27 g/hm²。

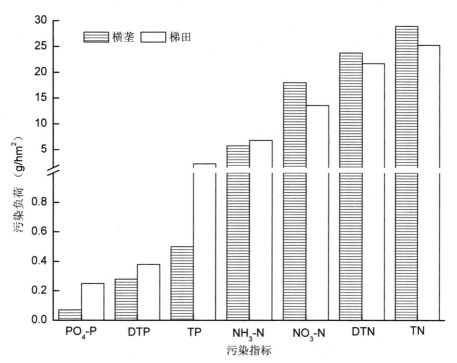

图 5-15　横垄和梯田措施的径流氮磷流失水平比较

　　梯田措施和横垄耕作径流产生量、泥沙输移率、氮磷浓度及负荷统计数据见表 5-5,梯田措施与模拟顺垄耕作相比,可减少土壤侵蚀 95%;径流和侵蚀泥沙量分别是横垄措施的 55% 和 26%。而随径流流失的 N、P 负荷在两种措施中表现出不同的变化,梯田措施径流 N、P 浓度较横垄耕作措施的 N、P 浓度高。梯田措施虽然可以有效减少土壤侵蚀和氮素流失负荷,但却增加径流中的磷素流失负荷。

　　修建梯田极大地改变了坡面地形,增加了径流与土壤的相互作用时间,相应的可溶出输移更多的氮磷含量,所以梯田措施的径流氮磷含量普遍高于横垄耕作措施的径流氮磷含量。梯田措施的氮磷负荷与径流量显著相关;横垄耕作措施的氮负荷与径流量显著相关,而磷负荷与径流量一般相关。径流氮磷负荷表现出梯田措施的磷负荷高于横垄耕作措施的磷负荷,梯田措施的氮负荷低于横垄耕作措施的氮负荷。可见,除 NH_3-N 外,梯田措施可有效减少溶解态氮素的流失,但加剧溶解态磷素的流失。

表 5-5 梯田和横垄措施径流污染物浓度和负荷

项目		$PO_4^{3-}-P$	DTP	TP	NH_3-N	NO_3^--N	DTN	TN	径流量 (ml/m²)	泥沙量 (t/km²)
浓度 (mg/L)	横垄	0.006	0.021	0.040	0.482	1.267	1.749	2.211	1412	517
	梯田	0.028	0.051	0.331	0.928	1.790	2.982	3.763	775	133
	梯田/横垄	4.61	2.44	8.27	1.92	1.41	1.70	1.70	0.55	0.26
负荷 (g/hm²)	横垄	0.086	0.295	0.565	6.806	17.888	24.694	31.213		
	梯田	0.217	0.395	2.564	7.188	13.871	23.108	29.158		
	梯田/横垄	2.53	1.34	4.54	1.06	0.78	0.94	0.93		

(四)面源污染减少措施建议

1. 工程措施规范化

工程措施修建不规范,影响阻截水土流失及其减少携带面源污染负荷的效果。横垄、梯田、等高植物篱不按等高线起垄和修筑水平田面,径流极易将薄弱垄台处冲开,形成集中径流,加剧对土壤的冲刷能力,危害更大。

2. 田间管理科学化

东北地区 5 月份雨季来临之计,田间植被覆盖近乎 0%,初始的几场降雨径流含有较高氮磷浓度,进入水环境,直接影响水环境质量。应改变农户一次性施肥方式,尽量按作物生长期不同需要进行科学施肥。既高效利用化肥,减少面源污染产生,又缓解了农业活动对水环境的压力。

3.防治措施综合化

无论是水土保持措施还是面源污染的最佳管理措施,单一措施都不能实现达到有效减少污染的目的。因此,多种措施的有机组合,从时间、空间进行有效配置,形成源头减少、中间阻隔为主的防治措施体系,同时加强田间草皮水道、岸边植被缓冲带的修建和维护。

第三节 小结

应用 $^{210}Pb_{ex}$ 核素示踪技术和 RUSLE 2.0 模型模拟,结合野外小区实际监测,对横垄和梯田两种措施的径流、侵蚀泥沙、N、P流失负荷进行污染物去除效果研究。横垄措施与顺垄相比,减少农业面源溶解态 N、P 污染负荷约 63%。梯田措施与模拟顺垄耕作相比,减少土壤侵蚀 95%;相比横垄耕作措施,梯田措施的单位面积径流产生量和侵蚀泥沙量分别减少 45% 和 74%;梯田措施的溶解态氮负荷是横垄耕作措施的 0.94 倍,但径流溶解态磷负荷是横垄耕作措施的 1.34 倍。单一措施不能实现理想的污染负荷减少效果,流域综合管理措施建设是治污之本。

第六章　小流域面源污染防治
措施优化配置

进行小流域污染防治措施综合选取、污染防治效果评价等研究，为实现流域水环境可持续发展提供理论和参考依据，是流域水环境质量改善的迫切需要。

第一节　动态规划模型

一、动态规划简介

动态规划是运筹学的一个分支，是解决多阶段决策过程最优化问题的一种方法。1951 年，美国数学家贝尔曼（Bellman）提出了解决这类问题的"最优化原则"，1957 年发表《动态规划》，该书是动态规划方面的第一本著作。动态规划问世以来，在工农业生产、经济、军事、工程技术等许多方面都得到了广泛应用，取得了显著的效果。从原理上讲，一个规划问题（线性的或非线性的），只要能恰当地规划出各个阶段，并满足建模条件，都可以用动态模型方法来解决。

二、动态规划的概念

（一）阶段和阶段变量

用动态规划求解一个问题时，需要将问题的全过程恰当地划分成若干个相互联系的阶段,以便按一定的次序去求解。描述阶段的变量称为阶段变量,通常用 K 表示。

阶段的划分一般是根据时间和空间的自然特征来定的,一般要便于把问题转化成多阶段决策的过程。

(二)状态和状态变量

某一阶段的出发位置称为状态,通常一个阶段包含若干状态。状态通过一个变量来描述,这个变量称为状态变量。状态表示的是事物的性质。

(三)决策和决策变量

对问题的处理中做出某种选择性的行动就是决策。一个实际问题可能要有多次决策和多个决策点,在每一个阶段中都需要有一次决策。决策也可以用一个变量来描述,称为决策变量。在实际问题中,决策变量的取值往往限制在某一个范围之内,此范围称为允许决策集合。

(四)策略和最优策略

所有阶段依次排列构成问题的全过程。全过程中各阶段决策变量所组成的有序总体称为策略。在实际问题中,从决策允许集合中找出最优效果的策略称为最优策略。

(五)状态转移方程

前一阶段的终点就是后一阶段的起点,前一阶段的决策变量就是后一阶段的状态变量,这种关系描述了由 K 阶段到 K+1 阶段状态的演变规律,是关于两个相邻阶段状态的方程,称为状态转移方程,是动态规划的核心。

(六)指标函数和最优化概念

用来衡量多阶段决策过程优劣的一种数量指标,称为指标函数。它应该在全过程和所有子过程中有定义、并且可度量。指标函数的最优值，称为最优值函数。

最优化概念是在一定条件下，找到一种途径，在对各阶段的效益经过按问题具体性质所确定的运算后，使得全过程的总效益达到最优。总之，动态规划所处理的问题是一个"多阶段决策问题"，目的是得到一个最优解（方案）。

三、运用动态规划的条件

一般来说，能够采用动态规划方法求解的问题必须满足最优化原理和无后效性原则。

（一）最优化原理

并不是所有"决策问题"都可以用"动态规划"来解决。只有当一个问题呈现出最优子结构时，"动态规划"才可能是一个合适的候选方法。作为整个过程的最优策略具有：无论过去的状态和决策如何，对前面的决策所形成的状态而言，余下的诸决策必须构成最优策略的性质。也可以通俗地理解为子问题的局部最优将导致整个问题的全局最优，即问题具有最优子结构的性质。也就是说一个问题的最优解只取决于其子问题的最优解，非最优解对问题的求解没有影响。

（二）无后效性原则

无后效性原则是指某一阶段的状态一旦确定，则此后过程的演变不再受此前各状态及决策的影响。也就是说"未来与过去无关"。当前的状态是此前历史的一个完整总结，此前的历史只能通过当前的状态去影响过程未来的演变。

具体地说，如果一个问题被划分各个阶段之后，阶段 i 中的状态只能由阶段 $i+1$ 中的状态转移方程得来，与其他没有关系，特别是与未发生的状态没有关系，这就是无后效性。

四、动态模型的解法

使用动态规划，必须先分析最优解性质、确定状态和状态变量；将问题分为 n 个阶段；建立状态转移方程及边界条件（递归地定义最优值）；最后根据状态转移方程以自底向上的递推方式或自顶向下的记忆化方法（备忘录法），计算出最优解；如果需要，还要根据最优值构造一个最优解。状态变量的确定是构造动态规划模型的关键一步。作为状态变量，其必须能够表现出状态之间互相演变的关系，同时其也应包含到达此状态前的必要信息，只有这样才可以根据无后效应将问题分割为 n 个互为联系的阶段，实现对每个阶段的独立研究，完成解题步骤。在利用状态转移方程计算最优解时，一般都是用自底向上的递推手段求解（逆序解法），即从问题的最后一个阶段往前逆推。

第二节 动态规划模型的建立与求解

国外面源污染控制与管理经验历史表明，结合面源污染调查、面源污染输移过程、机理研究和防治措施的污染减少效果，构建以实用性为目标的管理模型，并将其纳入水污染防治规划，能够极大地促进面源污染的控制与管理。建立小流域动态规划管理模型最重要的是阶段的划分、状态变量的选择、决策的区分以及状态转移方式与费用函数的确定。动态规划方法在解决高维或状态变量多于 2 个时，计算复杂。因此，选用水库限制性因子 TP 作为单一状态变量，进行模型求解。

一、问题描述

莫家沟小流域土地利用主要有林地、耕地、建筑道路、水域四类。人口密度 29 人/km²，居住分散，人均用水 10～30 L/d，无生活面源污染形成。对水库造成面源磷污染的主要是农田磷素流失。实测径流 TP 浓度分别为林地 0.03 mg/L、横垄 0.04 mg/L、梯田 0.33 mg/L。借鉴《国家地表水环境质量标准（GB3838—2004）》，见表 6-1，三种径流按河流 TP 标准浓度分属，梯田径流Ⅳ类，林地和横垄径流归为Ⅱ类。但是按照湖库 TP 标准评价，梯田径流属于Ⅴ类，而林地和横垄径流属Ⅲ类。

表 6-1　河流和湖库的 TP 标准

地表水	Ⅰ类水质	Ⅱ类水质	Ⅲ类水质	Ⅳ类水质	Ⅴ类水质
河流 TP(mg/L)	0.02	0.1	0.2	0.3	0.4
湖库 TP(mg/L)	0.01	0.025	0.05	0.1	0.2

莫家沟小流域毗邻长春市主要饮用水源地石头口门水库。吉林省地表水功能区划规定石头口门水库为饮马河长春市饮用水源、渔业用水区，其主导功能为饮用水源区，水库水中心和大坝水质控制目标为Ⅱ类水质，即 TP 浓度≤0.025 mg/L（张德新，2005）。"九五"末期至今，石头口门水库水质一直为Ⅲ类水体；主要污染指标 TP 全年平均浓度逐年增加，水体显现富营养化趋势[1]。2007 年汛期，TP 平均浓度 0.06 mg/L，水库水环境形势严峻。建立水库小流域动态规划管理模型，进行水库水质满足其水质功能标准的分阶段情境预设，探索小流域综合治理新思路，为流域水环境改善提供理论支持和应用指南。

二、模型建立

（一）模型基本描述

按照动态规划法程序，处理小流域农田面源污染减少问题，

---

① 吉林省环境保护局.吉林省环境质量报告书,1996—2009.

首先在空间上将小流域划分为林地、耕地和河道三类土地利用类型,是对流域面源污染输出具有决定作用的因子。图 6-1 是动态规划解决问题的阶段结构示意图,根据无后效性原则,假设降雨径流行经过林地,到耕地然后进入河道,此过程不会逆向发生。小流域的动态规划问题主要集中在林地、耕地、河道人工湿地的面积变化。阶段、状态、决策及其变量确定为,阶段:措施 i,按照从下游向上游方向的顺序编号,如图 6-1 中的 1、2、3;状态:径流 TP 浓度,mg/L;决策:采用面源污染防治措施的土地面积。采取措施的土地面积是控制排入河道径流量多少的变量,决定了措施的效率和费用。

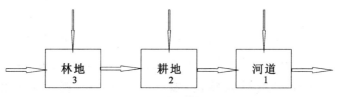

图 6-1   小流域动态规划问题示意

假设林地、耕地径流 TP 浓度不变;林地径流全都进入河道,汛期河道径流量稳定,保证措施是上游已经修建的滞留塘,其作用是收集径流,连续的排入河道,减少一次性汇水涌入河道形成的污染,并且减少非降雨期无水入河的干涸现象;无点源污染和其他面源污染影响等。

动态规划模型是由状态转移方程和约束条件组成的。

状态转移方程:

$$C_i = \frac{A_{i+1} Q_{i+1} C_{i+1} \cdot \exp\left(-\dfrac{kx}{86400u}\right) - A_i \eta_i}{A_{i+1} Q_{i+1}} \tag{6-1}$$

$$C_{i+1} = \frac{\sum A_j Q_j C_j}{\sum A_j Q_j} \tag{6-2}$$

式中,C 为污染物 TP 浓度,mg/L;A 为采用措施的土地面积,m^2;Q 为径流深,m;u 为流速,m/s;k 为污染物衰减系数,1/d;

x 为污染物在河道的输移距离,m;η 为河道采用人工湿地处理的除磷效率,kg/hm^2。

约束条件:$C_i \leq$ 湖库水质 TP 标准(Ⅰ、Ⅱ、Ⅲ类);$A_{i+1} \leq$ 4.026 km^2(耕地+林地面积);$A_i \leq 0.864$ km^2(径流入库前可修建芦苇人工湿地的水库漫滩地面积)。

(二)模型参数的确定

小流域主要水体是一条季节性小河,总长约 2 km,直接汇入水库,河流自净能力差。通过实测河道汛期 TP 浓度,认为河道内 TP 衰减系数 k 近乎 0,公式(6-1)中 $\exp\left(-\dfrac{kx}{86400u}\right)$ 项取值为 1。

径流深 Q 采用 SCS 径流曲线数法计算,见公式(6-3)、(6-4)。根据实测数据进行 SCS 径流曲线数法中前期损失量 Ia 与饱和储水量 S 的正比关系系数校正,取 $Ia = 0.02S$。横垄 CN 值取 81,林地 CN 值取 65。梯田径流深参考第五章结论,取横垄的 0.45 倍。

前期损失量 Ia 受土地利用、耕作方式、灌溉条件、枝叶截留、下渗、填注等因素影响,与饱和储水量成正比关系,莫家沟小流域 $Ia = 0.02S$,则得到径流方程:

$$P \geq 0.02S, Q = (P - 0.02S)^2/(0.98S + P); P < 0.02S, Q = 0$$
$$\tag{6-3}$$

$$S = 25400/CN - 254 \tag{6-4}$$

式中:Q 为径流量,mm;P 为降水量,mm;S 为流域饱和储水量,mm。

农田径流中 TP 含量与土壤 TP 关系密切,农田土壤 WEP 的径流提取系数为 0.281,即采取化肥减施后,污染负荷可以减少约 28%,土壤 WEP 每减少 1 mg/kg,径流 DTP 就减少 0.281 mg/L。根据大田作物无污染施氮量 180 kg/hm^2(侯彦林等,2008)和长春市水源地农田 N、P 优化配比 3:1(杨爱玲,2000),化肥施用量减少到大田作物无污染的施磷量标准为 60 kg/hm^2(折纯量),即是石头口门水库大田作物无污染的施磷肥量。以此估算现状 120 kg/hm² 施肥量减少到 60 kg/hm² 后,横垄措施和梯田措施的径流溶解态 TP 浓度分别为 $0.04 \times (1-0.281) = 0.03$ mg/L 和 $0.33 \times (1-0.281) = 0.24$ mg/L。TP 浓度及其他模型所需参数见表 6-2。

表 6-2　动态规划模型参数及数值

项目	径流 TP 浓度（mg/L）	年均径流深 Q(m)	实施面积 A(km²)	η（kg/hm²）
横垄	0.04/0.03	0.395	a	—
梯田	0.33/0.24	0.217	b	—
林地	0.03	0.342	2.359	—
道路	0.07	0.410	0.152	—
人工湿地	—	0.449	A_1	8.4

注:人工湿地去除氮磷效率 8.4 kg/hm² 引用《松花江流域饮用水源工程长春市石头口门水库水源地污染治理工程可行性研究报告》

三、模型求解

动态模型的通常解法是逆序解法,即从问题的最后一个阶段往前逆推。详细的目标规划、措施组合、动态规划模型模拟结果见表 6-3。

表 6-3 中所采取的措施简要表述列于表 6-4 内。研究区道路建筑和水域面积不变;在耕地上实施梯田措施、横垄措施、退耕还林、化肥减施四种;入库前滩涂地分为修建人工湿地(种植芦苇)和不建人工湿地两种。共设计近期(2011—2020)、中期(2021—2030)、远期(2031—2050)规划三个阶段目标。近期目标,小流域入库水质达到Ⅲ类标准,$C_i \leqslant 0.05$ mg/L;中期目标,入库水质达到Ⅱ类标准,$C_i \leqslant 0.025$ mg/L;远期目标为入库水质达到Ⅰ类标准,$C_i \leqslant 0.01$ mg/L。拟采取措施为横垄、梯田、还林、人工湿地、

化肥减施;每套规划又分若干方案,共计 21 个措施组合方案,进行模型求解。由于小流域已经修建梯田 0.198 km²,故无论方案如何调整,这部分梯田面积不会减少到 0 km²。

表 6-3　动态规划模型模拟结果

编号	规划年	施磷量（kg/hm²）	梯田（km²）	横垄（km²）	林地（km²）	人工湿地（km²）	入库 TP（mg/L）	入库径流（10⁴ m³）
0	2010	120	0.198	1.469	2.359	0	0.04	149
1			0.198	0.411	3.417	0	0.04	144
2		120	0.602	0.411	3.013	0.018	0.05	139
3	2011		1.256	0.411	2.359	0.054	0.05	128
4	|		0.198	1.469	2.359	0	0.04	149
5	2020		0.198	0.411	3.417	0	0.04	144
6		60	0.602	0.411	3.013	0	0.05	139
7			1.256	0.411	2.359	0.031	0.05	132
8			0.198	1.469	2.359	0.033	0.025	151
9		120	0.198	0.411	3.417	0.030	0.025	145
10			0.602	0.411	3.013	0.059	0.025	141
11	2021		1.256	0.411	2.359	0.108	0.025	135
12	|		0.198	1.469	2.359	0.021	0.025	150
13	2030		0.198	0.411	3.417	0.021	0.025	145
14		60	0.602	0.411	3.013	0.042	0.025	140
15			1.256	0.411	2.359	0.077	0.025	134
16		120	0.198	1.469	2.359	0.060	0.01	152
17			0.198	0.411	3.417	0.054	0.01	146
18	2031	60	0.198	1.469	2.359	0.049	0.01	151
19	2050		0.198	0.411	3.417	0.048	0.01	146
20		0	0.198	1.469	2.359	0.030	0.01	151
21			0.198	0.411	3.417	0.030	0.01	145

表 6-4　动态规划模型中所选措施说明

编号	措施表征			简要说明
	梯田（km²）	横垄（km²）	林地（km²）	
0、4、8、12、16、18	0.198	1.469	2.359	现状梯田、横垄、林地面积
1、5、9、13、17、19	0.198	0.411	3.417	现状梯田、≤5°横垄、其他退耕还林
2、6、10、14	0.602	0.411	3.013	≤5°横垄、5°～8°修建梯田、其他退耕还林
3、7、11、15	1.256	0.411	2.359	≤5°横垄、≥8°修建梯田、现状林地
20	0.198	1.469	2.359	全部农田原位退耕还林，地块产流不变
21	0.198	0.411	3.147	现状梯田、≤5°横垄、其他均原位退耕还林

四、防治措施配置及优选

应用动态规划模型模拟莫家沟小流域近期、中期、远期目标情景，计算 6 种措施、21 套方案的实施效果。结果显示，入库径流量变化范围 $128 \times 10^4 \sim 152 \times 10^4$ m³，经 SPSS 单样本 t 检验，变异系数 0.048，说明不同措施组合的入库径流量无显著差异。可见，无论选择哪种方案和情景，入库径流量不是影响方案确定的主要因素。

（一）理论性方案优选

理论上计算，2011—2020 年目标规划的 7 个方案中，以现有土地利用不变，减少施肥方案（编号 4）最优，无须新建梯田、人工湿地和转变土地利用方式。入库 TP 浓度 0.04 mg/L，满足水库

Ⅲ类水质标准,径流量 149×10^4 m³,该方案经济、环境效益明显。第一阶段规划,施肥量对减少 TP 污染负荷影响较小;梯田修建面积是影响 TP 浓度的主要因子。

2021—2030 年目标规划的 8 个方案中,从成本效益方面而言,达到入库水质满足 Ⅱ类标准,最优选项应该是在现状土地利用方式不变的情况下,化肥减施,修建人工湿地 0.021 km²(编号12)。此阶段,同样土地管理措施条件下,施肥量对 TP 浓度有明显影响,直接关系到为满足水质标准修建人工湿地的面积。

《中华人民共和国水污染防治法》第五十九条规定,禁止在饮用水水源二级保护区内新建、改建、扩建排放污染物的建设项目;已建成的排放污染物的建设项目,由县级以上人民政府责令拆除或者关闭。莫家沟小流域位于石头口门水库水源地二级保护区内,农业面源污染作为一种重要的水环境污染源,迫切需要纳入环境总量控制目标中。因此,在 2050 年,争取实现二级保护区内,全部农田退耕还林,控制或减少面源污染产生。2031—2050年阶段目标实现的最优方案首推全部农田原位退耕还林(编号20),如梯田退耕还林后,其地形不变,产流量与原来梯田相同,不能按照林地产流量计算。届时修建人工湿地 0.03 km²,即可满足水质 TP 浓度达到水库 Ⅰ类 TP 标准,入库径流量 151×10^4 m³。此阶段,不再新建梯田和人工湿地面积,施肥量决定了最优方案的选取。

(二)可行性方案确定

但是通过走访当地居民,调查化肥施用情况,发现农田化肥施用量逐年增加。而且,国家粮食增产规划和鼓励农民种粮等惠农政策的实施,在没有足够令人信服的证据证明化肥减施不会影响玉米产量的情况下,短时期内农民不会考虑为改善水环境质量主动采取减少化肥施用的措施。因此,近期(2011—2020)目标的实现,实际选择的最优方案与理想方案不同,建议选取方案1,即施肥量 120 kg/hm²,现状梯田面积 0.198 km² 不变,≤5°的耕地 0.411 km² 采取横垄耕作,其他退耕还林,林地面积计 3.417 km²,无须建设人工湿地。

对于中期(2021—2030)目标而言,如果第一阶段选择方案 1 实现近期目标水质 TP≤0.05 mg/L,则此阶段最优方案(编号 9)只需在已有措施(编号 1)的基础上,修建人工湿地 0.03 km²,即可满足水质 TP≤0.025 mg/L。2030 年,希望通过采取以上措施,改善石头口门水库水环境,实现水库水质Ⅱ类标准,让长春市民喝上放心水。

实现远期(2031—2050)水质 TP≤0.01 mg/L 目标,在第二阶段土地利用的基础上,选择方案 21,即保持已建人工湿地面积,农田原位退耕还林,化肥施用量为 0 kg/hm²。

另外,水库滩涂地种植芦苇改造为人工湿地,一定程度上也可以减少附近农户在水库滩涂上放养家畜,减少牲畜排泄废物直接进入水库。

模拟计算结果显示,梯田措施虽然是最有效的水土保持措施,但对于减少农业面源污染来说,并不是第一选择,梯田措施的水土保持效果与减少或控制面源污染效果之间存在差距。因此,应谨慎选取不同的水土保持措施用于农业面源污染的减少或控制;多种水保措施与面源污染防治措施的有机组合是今后研究的重点。

第三节　小结

动态规划是解决污染控制问题的一种有效算法。将动态规划与河道水质模型相结合,用于莫家沟小流域的面源污染防治措施配置;考虑国家和地方实际情况,共设计 3 个阶段 21 个方案,运用动态规划模型模拟满足不同阶段小流域出口水质,应选择的可行性最优方案分别为:2011—2020 年,选取措施为施肥量不变,现状梯田面积不变,坡度≤5°的耕地采取横垄耕作,其他退耕还林；2021—2030 年，在第一阶段实施方案的基础上，新建人工湿地 0.03 km²；2031—2050 年，全部农田原位退耕还林，保持人工湿地面积不变，即可满足入库水质 TP≤0.01 mg/L。控制化肥施用等源头减少措施是最佳的防治措施。

第七章 结论与展望

一、研究结论

通过野外小区采样、室内测试分析方法相结合,运用核素示踪技术和模型模拟,以莫家沟小流域为研究对象,考虑自然降雨N、P输入,进行土壤侵蚀、降雨径流吸附态和溶解态N、P在降雨-土壤-径流系统的输移过程研究;揭示了溶解态N、P的土壤-径流迁移能力;探讨了横垄和梯田两种水土保持措施面源污染防治效果;并以小流域入库TP浓度为约束条件,结合动态规划和水质模型建立了莫家沟小流域综合治理的动态规划管理模型,共设计3个阶段共计21种可供选方案,给出了不同阶段目标的小流域面源污染防治措施的理想和实际优化措施组合。主要结论如下。

(1)应用^{137}Cs和^{210}Pb$_{ex}$核素示踪技术,计算莫家沟小流域土壤侵蚀速率分别为1.99 mm/y、1.85 mm/y;土壤侵蚀模数分别为2507 t/(km^2 y)和2331 t/(km^2 y);土壤侵蚀强度为中度侵蚀和强烈侵蚀过渡段。每年随土壤侵蚀损失的TN、TP负荷分别为29 kg/hm^{2}和12 kg/hm^2,占多年平均化肥施用量的22%和10%。土壤溶解态无机氮(NH$_3$-N+NO$_3^-$-N)负荷仅占土壤TN流失量的0.33%;土壤DTP负荷占TP流失量仅0.03%。随土壤流失的土壤TN、TP负荷分别是径流N、P负荷的5倍和30倍,侵蚀流失的土壤颗粒是N、P流失的主要载体。

(2)应用SPSS线性回归最小二乘法,莫家沟小流域土壤-径流溶解态N迁移模型:$y=0.361x+0.978(R=0.894)$、溶解态P迁移模型:$y=0.281x-0.179(R=0.943)$;径流TN、DTN、TP单位面积负荷率分别为 6.02 kg/hm²、5.00 kg/hm²、0.37 kg/hm²；流失负荷分别是 1003.4 kg/y、832.9 kg/y、61.0 kg/y。降雨和土壤的相互作用深度表现为溶解态 TN 和 TP 分别为 0～40 mm 和 0～10 mm。降雨-土壤-径流系统中，径流 DTN、DTP 负荷的 58% 和 67% 来自大气湿沉降。径流中溶解态 N、P 负荷主要来源于大气湿沉降；其次是表层土壤溶解态 N、P 向降雨径流的溶出和迁移。

（3）将野外实测和 RUSLE 2.0 模型模拟相结合，进行横垄和梯田两种水土保持措施的面源污染减少效果研究；与顺垄相比，横垄措施减少农业面源溶解态 N、P 污染负荷约 63%。梯田措施与模拟顺垄耕作相比，减少土壤侵蚀 95%；相比横垄措施，梯田措施径流和侵蚀泥沙量分别减少 45% 和 74%；溶解态氮负荷是横垄措施的 0.94 倍，但径流溶解态磷负荷是横垄的 1.34 倍。梯田措施减少面源磷污染的效果不如横垄措施的减磷效果明显。

（4）建立动态规划管理模型，将动态规划与河道水质模型相结合，用于石头口门水库莫家沟小流域的面源污染防治措施配置；共设计 3 个阶段 21 个可供选择方案，考虑到国家和地方实际情况，满足各阶段流域出口水质目标的可行性方案为，2011—2020 年，选取措施为施肥量不变，现状梯田面积不变，坡度≤5°的耕地采取横垄耕作，其他退耕还林；2021—2030 年，在第一阶段实施方案的基础上，新建人工湿地 0.03 km²；2031—2050 年，全部农田原位退耕还林，保持人工湿地面积不变，即可满足入库水质 TP≤0.01 mg/L。

（5）有效的水土保持措施不是有效的面源溶解态污染减少措施。单一水土保持措施的农业面源污染防治效果与其减沙保土功能存在差异，化肥施用的源头减少或控制措施是最佳面源污染防治措施；多种措施有机组合是实现流域污染减少的必由之路。

二、研究中存在的不足

项目完成过程中,对面源污染形成和危害的认识日益加深,研究中仍存在一些不足和遗憾,由于时间有限,有待今后继续探索。

(1)缺乏标准径流小区基础数据的收集,RUSLE 2.0 模型和 SCS 径流曲线数法中有关参数的确定略显勉强,仍需进行模型的率定和验证。

(2)由于主观采样分析和客观分布衰减等原因的限制,对同一地区运用不同核素测算的土壤侵蚀结果波动较大。

(3)虽然证实地表径流 N、P 含量与土壤 N、P 含量存在良好的相关性,但是只研究了以水为浸提剂的水溶性 N、P 从土壤迁移到径流的关系,没有用其他测试方法对土壤 N、P 迁移关系结果加以验证,影响了回归模型的可信度。

(4)建立的动态规划模型受研究区条件限制,可考虑约束条件较少,可控制因素不多,不能很好地发挥规划的优势。

三、研究展望

农业面源污染已经成为影响东北地区水库水质的重要污染源。缓坡、长坡、垄作等特点可以将防治措施更充分地进行空间分布,首先是减少源污染的产生,其次进行过程拦截,最后是设置植被缓冲带、人工湿地等末端控制措施。而所有措施的实施必须是在足够多的资料、数据基础上进行的,因此,今后面源污染研究的重点有以下几个方面。

(1)加强标准径流小区和移动小区的数据监测和资料收集,以满足模型校准和验证所需参数。

(2)深化复合核素示踪技术研究,尤其是利用核素比率(如 $^{137}Cs/^{210}Pb_{ex}$)的变化测算研究区土壤损失和沉积量;核素背景样点的选择也需要进行更为广泛、详细的调查、踏勘、实测、分析,确定后给予背景点一定的保护,建立全国核素背景值分布图。

(3)农业面源污染防治是一项长期坚持的重要、复杂、艰巨的任务,水土保持措施的面源污染防治效果仍需深入研究,防治措施应因地制宜,进行优化组合。为达到理想的经济、环境效益和生态效应,仍需深入细致地进行农田科学施肥以及施肥量与作物产量的关系研究,逐渐改变农民的种植模式和种植观念,推广科学种田。

(4)动态规划模型是解决空间和时间问题的有效算法,应考虑更多措施、阶段、因素对模型的影响,实现用计算机语言编程解决规划模型的求解方法,以期为大流域尺度进行水环境保护规划提供前瞻性指导。

参考文献

[1]Ahuja L R,Lehman O R. The extent and nature of rainfall-soil interaction in the release of soluble chemicals to runoff [J]. Journal of Environmental Quality,1983,12(1):34—40.

[2]Ahuja L R, Sharpley A N, Lehman O R. Effect of soil slope and rainfall characteristics on phosphorus in runoff [J]. Journal of Environment Quality,1982,(11):9—13.

[3]Ahuja L R. Modeling soluble chemical transfer to runoff with rainfall impact as a diffusion process [J]. Soil Science Society of America Journal,1990,(54):312—321.

[4]Appleby P G,Oldfield F. The calculation of lead—210 dates assuming a constant rate of supply of unsupported ^{210}Pb to the sediment [J]. Catena,1978,5:1—8.

[5]Arheimer B,Brandt M. Watershed modelling of nonpoint nitrogen losses from arable land to the Swedish coast in 1985 and 1994 [J]. Ecological Engineering,2000,14:389—404.

[6]Asman W A H,Van Jaarsveld H A. Variable resolution transport model applied for NH_x in Europe [J]. Atmosphere Environment,1992,26(3):445.

[7]Bailey G W,Swank Jr R R,Nicholson H P. Predicting pesticide runoff from agricultural land:A conceptual model [J]. Journal of Environmental Quality,1974,(3):95—102.

[8]Baker J L,Laflen J M. Water quality consequences of conservation tillage [J]. Journal of Soil and Water Conservation,1983,38(5—6):186—193.

［9］Boers P C M. Nutrient emissions from agriculture in the Netherlands,causes and remedies ［J］. Water Science and Technology,1996,33(4):183－189.

［10］Borin M,Vianello M,Morari F,et al. Effectiveness of buffer strips in removing pollutants in runoff from a cultivated field in North-East Italy ［J］. Agriculture,Ecosystems and Environment,2005,(105):101－114.

［11］Buzicky G C,Randall G W,Hauck R D,et al. Fertilizer losses from a tile drained mollisol as influenced byrate and time of 15-N depleted fertilizer application ［M］. In:Agronomy Abstracts,American Society of Agronomy,Madison,WI,1983:213.

［12］Castillo V M. Runoff and soil loss to vegetation in a semi-arid environment ［J］. Soil Science Society of American Journal,1997,61:1116－1121.

［13］Castro M S,Driscoll C T,Jordan T E,et al. Sources of nitrogen to estuaries in the United States ［J］. Estuaries,2003,26(3):803－814.

［14］Centner T J,Houston J E,Keeler A G,et al. The adoption of best management practices to reduce agricultural water contamination ［J］. Limnologica,1999,29(3):366－373.

［15］Choudhary M A,Lal R,Dick W A. Long-term tillage effects on runoff and soil erosion under simulated rainfall for a central Ohio soil ［J］. Soil& Tillage Research,1977,42(3):175－184.

［16］Corwin D L,Loague K,Ellsworth T R. GIS-based modeling of nonpoint source pollution in the vadose zone ［J］. Journal of Soil and Water Conservation,1998,53(1):34－38.

［17］Dillaha T A. Rainfall simulation:a tool for best management practice education ［J］. Journal of Soil and Water Conservation,1988,43(4):288－290.

[18]Drury C F. Influence of tillage on nitrate loss in surface runoff and tile drainage [J]. Soil Science Society of America Journal,1993,57(3):797.

[19]Frere M H,Ross J D,Lane L J. The nutrient sub model,in CREAMS:A field scale model for chemicals,runoff,and erosion from agricultural management systems[J]. USDA,1980, 26:65—87.

[20]Gassman P W,Edward O,Ali S,et al. Alternative practices for sediment and nutrient loss control on livestock farms in northeast Iowa [J]. Agriculture,Ecosystems and Environment, 2006,117(2—3):135—144.

[21]Gaynor J. D. ,Findlay W. I. Soil and phosphorus loss from conservation and conventional tillage in corn production [J]. Journal of Environmental Quality,1995,24:734—741.

[22]Gowda P H, Mulla D J, Jaynes D B. Simulated long-term nitrogen losses for a Midwestern agricultural watershed in the United States [J]. Agricultural Water Management,2008, 95:616—624.

[23]Johnes P J. Evaluation and management of the impact of land use change on the nitrogen and phosphorus load delivered to surface waters:the export coefficient modeling approach [J]. Journal of Hydrology,1996,183:323—349.

[24]Keeney D R. Prediction of the quality of water in a proposed impoundment in southwestern Wisconsin,USA [J]. Environmental Geology,1978,2(6):341—349.

[25]Keeney D R. The nitrogen circle in sediment-water systems [J]. Journal of Environmental Quality,1973,2(1):15—29.

[26] Knisel W G. Systems for evaluating nonpoint source pollution:an overview [J]. Mathematics and Computers in Simulation,1982,24:173—184.

[27]Kronvang B,Graesboll P,Larsen S E,et al. Diffuse nutrient losses in Denmark [J]. Water Science and Technology, 1996,33(4):81—88.

[28]Line D E,Harman W A,Jennings G D,et al. Nonpoint source pollutant load reductions associated with livestock exclusion [J]. Journal of Environmental Quality,2000,29(6):1881—1890.

[29]Line D E,Osmond D L,Coffey S W,et al. Nonpoint sources [J]. Water Environment Research,1997,69(4):844—861.

[30]Lotse E G,Jabro J D,Simmons K E,et al. Simulation of nitrogen dynamics and leaching from arable soils [J]. Journal of Contaminant Hydrology,1992,10(5):183—196.

[31]Lovejoy S B,Lee J G,Randhir T O,et al. Research needs for water quality management in the 21st century:A spatial decision support system [J]. Journal of Soil and Water Conservation,1997,52(1):19—23.

[32]Luo B,Li J. B,Huang G H,et al. A simulation-based interval two-stage stochastic model for agricultural nonpoint source pollution control through land retirement [J]. Science of the Total Environment,2006,361:38—56.

[33]Maria N R,Antonio L,Monica G,et al. Agricultural land use and best management practices to control nonpoint water pollution [J]. Environmental Management,2006,38(2):253—266.

[34]Markaki Z,Loÿe-Pilot M D,Violaki K,et al. Variability of atmospheric deposition of dissolved nitrogen and phosphorus in the Mediterranean and possible link to the anomalous seawater N/P ratio [J]. Marine Chemistry,2008,20(1—4):187—194.

[35]McDowell R W,Sharpley A N,Condron L M,et al.

Processes controlling soil phosphorus release to runoff and implications for agricultural management [J]. Nutrient Cycling in Agroecosystems, 2001, (59):269—284.

[36]Meals D W. Watershed-scale response to agricultural diffuse pollution control programs in Vermont, USA [J]. Water Science and Technology, 1996, 33(4—5):197—204.

[37]Meyer L D, Line D E, Harmon W C. Size characteristics of sediment from agricultural soils [J]. Journal of Soil and Water Conservation, 1992, 47(1):107—111.

[38]Mihara M, Yamamoto N, Ueno T. Application of USLE for the prediction of nutrient losses in soil erosion processes [J]. Paddy Water Environment, 2005, 3:111—119.

[39]Mitchell R D, Harrison R, Russell K J, et al. The effect of crop residue incorporation date on soil inorganic nitrogen, nitrate leaching and nitrogen mineralization [J]. Biology and Fertility of Soils, 2000, 32(4):294—301.

[40]Munodawafa A. Assessing nutrient losses with soil erosion under different tillage systems and their implications on water quality [J]. Physics and Chemistry of the Earth, 2007, 32 (15—18):1135—1140.

[41]Murphy J, Riley J P. A modified single solution method for the determination of phosphate in nature waters [J]. Analytical Chemistry Acta, 1962, 27:31—36.

[42]Ouyang Wei, Hao Fanghua, Wang Xuelei, et al. Non-point source pollution responses simulation for conversion cropland to forest in mountains by SWAT in China [J]. Environmental Management, 2008, 41:79—89.

[43]Pionke H B, Gburek W J, Sharpley A N. Critical source area controls on water quality in an agricultural watershed located in the Chesapeake Basin [J]. Ecological Engineering, 2000,

14：325—526.

[44]Pollman C D,Landing W M,Perry J J,et al. Wet deposition of phosphorus in Florida [J]. Atmospheric Environment, 2002,36:2309—2318.

[45]Puckett L J. Identifying the major sources of nutrient water pollution [J]. Environmental Science and Technology, 1995,29(9):408—414.

[46]Quine T A,Walling D E,Zhang X,et al. Investigation of soil erosion terraced fields near Yangting,Sichuan Province,China,using cesium—137. Erosion,Debris Flows and Environment in Mountain Regions (Proceedings of the Chengdu Symposium, July 1992),IAHS Publ,1992,209:155—168.

[47]Randall G W,Schimitt M A. Advisability of fall-applying nitrogen [M]. In:In Proceeding of the 1998 Wisconsin Fertilizer, Aglime,and Pest Management Conference,Middleton,WI, 1998,January 20,90—96.

[48]Schindler D W,Dillon P J,Schreier H. A review of anthropogenic sources of nitrogen and their effects on Canadian aquatic ecosystems [J]. Biogeochemistry,2006,79:25—44.

[49]Sharpley A N,Daniel T C,Sims J T,et al. Determining environmentally sound soil phosphorus levels [J]. Journal of Soil and Water Conservation,1996,51(2):160—166.

[50]Sharpley A N,Kleinman P J A,McDowell R W,et al. Modeling phosphorus transport in agricultural watersheds: processes and possibilities [J]. Journal of Soil and water conservation,2002,57(6):425—439.

[51]Sharpley A N,McDowell R W,Kleinman P J A. Phosphorus loss from land to water:integrating agricultural and environmental management [J]. Plant and Soil, 2001, 237 (2): 287—307.

[52]Sharpley A N. The selective erosion of plant nutrients in runoff [J]. Soil Science Society of America Journal, 1985, (49):1527—1534.

[53]Shortle J S, Horan R D, Abler D G. Research issues in nonpoint pollution control [J]. Environmental and Resource Economics, 1998, 11(3—4):571—585.

[54]Stefano C D, Ferro V, Palazzolo E, et al. Sediment delivery processis and agricultural non-point pollution in a sicilian basin [J]. Journal of Agricultural Engineering Research, 2000, 77(1):103—112.

[55]Stevens C J, Quinton J N. Diffuse pollution swapping in arable agricultural systems [J]. Critical Reviews in Environmental Science and Technology, 2009, 39(6):478—520.

[56]Stutter M I, Langan S J, Cooper R J. Spatial and temporal dynamics of stream water particulate and dissolved N, P and C forms along a catchment transect, NE Scotland [J]. Journal of Hydrology, 2008, 350(3—4):187—202.

[57]Tanaka S, Funakawa S, Kaewkhongka T. N mineralization process of the surface soils under shifting cultivation in Northern Thailand [J]. Soil Science Plant Nutrient, 1998, 44(4):539—549.

[58]Tapia V M, Tiseareo L M, Stone J J, et al. Tillage system effects on runoff and sediment yield in hillslope agriculture [J]. Field Crops Research, 2001, 69(2):173—182.

[59]Torrecilla N J, Galve J P, Zaera L G, et al. Nutrient sources and dynamics in a Mediterranean fluvial regime (Ebro river, NE Spain) and their implications for water management [J]. Journal of Hydrology, 2005, 304(1—4):166—182.

[60]Tsukuda S, Sugiyama M, Harita Y, et al. Atmospheric bulk deposition of soluble phosphorus in Ashiu Experimental

Forest, Central Japan: source apportionment and sample contamination problem [J]. Atmospheric Environment, 2005, 39: 823－836.

[61]Vadas P A, Good L W, Moore Jr P A, et al. Estimating phosphorus loss in runoff from manure and fertilizer for a phosphorus loss quantification tool [J]. Journal of Environmental Quality, 2009, 38(4): 1645－1653.

[62]Vadas P A, Kleinman P J A, Sharpley A N, et al. Relating soil phosphorus to dissolved phosphorus in runoff: a single extraction coefficient for water quality modeling [J]. Journal of Environmental Quality, 2005, 34(2): 572－580.

[63]Vadas P A, Owens L B, Sharpley A N. An empirical model for dissolved phosphorus in runoff from surface-applied fertilizers [J]. Agriculture, Ecosystems and Environment, 2008, 127(1－2): 59－65.

[64]Verworn H R. Determining nutrient loading from rainfall and runoff in small rivers [J]. Progress in Water Technology, 1978, 10(5): 607－617.

[65] Wallach R, Grigorina G, Rivlin J. A comprehensive mathematical model for transport of soil-dissolved chemicals by overland flow [J]. Journal of Hydrology, 2001, 247: 85－99.

[66]Walter M T, Parlange J Y. Management practice effects on phosphorus losses in runoff in corn production systems [J]. Journal of Environmental Quality, 2001, 30(5): 1822－1828.

[67]Wang C, Ouyang H, Maclaren V, et al. Evaluation of the economic and environmental impact of onverting cropland to forest: a case study in Dunhua County, China [J]. Journal of Environmental Management, 2007, 85: 746－756.

[68]Wang Q J, Robert H, Shao M A. Effective kinetic energy influence on soil potassium transport into runoff [J]. soil sci-

ence,2002,167(6):369—376.

[69]Withers P J A,Lord E I. Agricultural nutrient inputs to rivers and groundwaters in the UK:policy,environmental management and research needs [J]. The Science of the Total Environment,2002,282—283:9—24.

[70] Wolfe A H,Patz J A. Reactive nitrogen and human health:acute and long-term implications [J]. AMBIO,2002,31 (2):120—125.

[71]Yang X M,Zhang X P,Fang H J. Black soil degradation by rainfall erosion in Jilin,China[J]. Land Degradation & Development,2003,14:409—420.

[72]Zapata F. Handbook for the assessment of soil erosion and sedimentation using environmental radionuclides[M]. Dordrecht/Boston/London:Kluwer Academic Publisher,2002.

[73]Zhang X B,Higgitt D L,Walling D E. A preliminary assessment of potential for using cesium—137 to estimate rates of soil erosion in the Loess Plateau of China [J]. Hydrological Science Journal,1990,35(3):243—252.

[74]Zhang X B,Zhang Y Y,Wen A B,et al. Assessment of soil losses on cultivated land by using the ^{137}Cs Technique in the Upper Yangtze River Basin of China [J]. Soil & Tillage Research,2003b,69:99—106.

[75]Zhang X,Qi Y,Walling D E,et al. A preliminary assessment of the potential for using $^{210}Pb_{ex}$ measurement to estimate soil redistribution rates on cultivated slopes in the Sichuan Hilly Basin of China [J]. Catena,2006,68:1—9.

[76]Zhang X,Walling D E,Feng M. $^{210}Pb_{ex}$ depth distribution in soil and calibration models for assessment of soil erosion rates from $^{210}Pb_{ex}$ measurements [J]. Chinese Science Bulletin, 2003a,48 (8):813—818.

[77]Zheng Jin Jun, He Xiu Bin, Walling D, et al. Assessing soil erosion rates on manually-tilled hillslopes in the sichuan hilly basin using ^{137}Cs and ^{210}Pb$_{ex}$ measurements [J]. Pedosphere, 2007,17(3):273−283.

[78](美)奥托兰诺著;郭怀成,梅凤乔译.环境管理与影响评价[M].北京:化学工业出版社,2003.

[79]陈静生,夏星辉,张利田,等.长江、黄河、松花江60−80年代水质变化趋势与社会经济发展的关系[J].环境科学学报,1999,19(5):500−505.

[80]陈静生.陆地水水质变化研究国内外进展[J].环境科学学报,2000,20(1):10−15.

[81]陈学文,张兴义,隋跃宇,等.利用空间移位法研究东北黑土pH季节变化及其影响因素[J].农业现代化研究,2008,29(3):365−368.

[82]单保庆.小流域磷污染非点源输出的人工降雨模拟研究[J].环境科学学报,2000,20(1):33−37.

[83]窦培谦,王晓燕,秦福来,等.农业非点源氮磷流失规律研究[J].安徽农学通报,2005,11(4):151−153.

[84]段永惠,张乃明,洪波,陈建军.滇池流域农田土壤氮磷流失影响因素探析[J].中国生态农业学报,2005,13(2):116−118.

[85]伏介雄,张信宝,齐永青,等.无侵蚀非农耕地土壤^{137}Cs深度分布入渗过程模型[J].核技术,2006,29(3):189−193.

[86]高超,朱继业,朱建国,等.不同土地利用方式下的地表径流磷输出及其季节性分布特征[J].环境科学学报,2005,25(11):1543−1549.

[87]郝芳华,程红光,杨胜天.非点源污染模型:理论方法与应用[M].北京:中国环境科学出版社,2006 a.

[88]郝芳华,杨胜天,程红光,等.大尺度区域非点源污染负荷计算方法[J].环境科学学报,2006 b,26(3):375−383.

[89]贺宝根,周乃晟,高效江,等.农田非点源污染研究中的降雨径流关系——SCS 法的修正[J].环境科学研究,2001,14(3):49-51.

[90]侯彦林,周永娟,李红英,等.中国农田氮面源污染研究:Ⅰ污染类型区划和分省污染现状分析[J].农业环境科学学报,2008,27(4):1271-1276.

[91]华珞,张志刚,李俊波,等.基于土壤 ^{137}Cs 监测的土壤侵蚀与有机质流失——以密云水库为例[J].核农学报,2005,19(3):208-210.

[92]黄东风,邱孝煊,李卫华,等.福州市郊菜地土壤磷素特征及流失潜能分析[J].水土保持学报,2009,23(1):83-87.

[93]黄满湘,张国梁,张秀梅,等.官厅流域农田地表径流磷流失初探[J].生态环境,2003a,12(2):39-144.

[94]黄满湘,章申,唐以剑,等.模拟降雨条件下农田径流中氮的流失过程[J].土壤与环境,2001,10(1):6-10.

[95]黄满湘,章申,张国梁,等.北京地区农田氮素养分随地表径流流失机理[J].地理学报,2003b,58(1):147-154.

[96]姜翠玲,夏自强,崔广柏.土壤含水量与氮化合物迁移转化的相关性分析[J].河海大学学报(自然科学版),2003,31(3):241-245.

[97]金洋,李恒鹏,李金莲.太湖流域土地利用变化对非点源污染负荷量的影响[J].农业环境科学学报,2007,26(4):1214-1218.

[98]李成保,季国亮.恒电荷土壤和可变电荷土壤动电性质的研究Ⅱ阴离子吸附和 pH 的影响[J].土壤学报,2000,37(1):62-68.

[99]李发鹏,李景玉,徐宗学.东北黑土区土壤退化及水土流失研究现状[J].水土保持研究,2006,13(3):50-54.

[100]李怀恩,庄咏涛.预测非点源营养负荷的输出系数法研究进展[J].西安理工大学学报,2003,19(4):407-412.

[101]李怀恩.估算流域点源污染负荷的平均浓度法及其应用[J].环境科学学报,2000,20(4):397-400.

[102]李裕元,邵明安,郑纪勇,等.黄绵土坡耕地磷素迁移与土壤退化研究[J].水土保持学报,2003,17(4):1-7.

[103]梁爱珍.东北黑土有机碳的恢复潜力及其机理研究[D].北京:中国科学院研究生院,2008.

[104]梁涛,张秀梅,章申,等.西苕溪流域不同土地类型下氮元素输移过程[J].地理学报,2002,57(4):389-396.

[105]刘宝元,阎百兴,沈波,等.东北黑土区农地水土流失现状与综合治理对策[J].中国水土保持科学,2008,6(1):1-8.

[106]刘方,黄昌勇,何腾兵,等.长期施肥下黄壤旱地磷对水环境的影响及其风险评价[J].土壤学报,2003,40(6):838-844.

[107]刘嘉麟,Keeney W C,霍义强,等.背景降水——中美科技合作全球内陆降水背景值研究[M].北京:中国环境科学出版社,1995.

[108]刘文祥.人工湿地在农业面源污染控制中的应用研究[J].环境科学研究,1997,10(4):15-19.

[109]鲁如坤.土壤农业化学分析方法[M].北京:中国农业科技出版社,2000.

[110]梅雪英,张修峰.上海地区氮素湿沉降及其对农业生态系统的影响[J].中国生态农业学报,2007,15(1):16-18.

[111]汪景宽,李双异,张旭东,等.20年来东北典型黑土地区土壤肥力质量变化[J].中国生态农业学报,2007,15(1):19-24.

[112]王刚,郭柏权.于桥水库水体状况分析与污染防治对策[J].城市环境与城市生态,1999,12(2):27-28.

[113]王红萍,梁涛,张秀梅,等.非点源污染研究中土壤溶解性无机氮的提取方法选择[J].地理研究,2005,24(2):236-242.

[114]王辉.降雨条件下黄土坡地养分迁移机理及模型模拟[D].杨凌:西北农林科技大学,2006:39-47.

[115]王宁.松花湖流域非点源污染研究[D].长春:中国科学

院长春地理研究所,2001.

[116]王全九,王文焰,沈冰,等.降雨-地表径流-土壤溶质相互作用深度[J].土壤侵蚀与水土保持学报,1998,4(2):41—46.

[117]王霞.松花湖富营养化及生态风险评价研究[D].北京:中国科学院研究生院,2005.

[118]王小治,朱建国,高人,等.太湖地区氮素湿沉降动态及生态学意义:以常熟生态站为例[J].应用生态学报,2004,15(9):1616—1620.

[119]王晓燕,曹利平.中国农业非点源污染控制的经济措施探讨——以北京密云水库为例[J].生态与农村环境学报,2006,22(2):88—91.

[120]王晓燕,王晓峰,汪清平,等.北京密云水库小流域非点源污染负荷估算[J].地理科学,2004,24(2):227—231.

[121]王晓燕,王一峋,蔡新广,等.北京密云水库流域非点源污染现状研究[J].环境科学与技术,2002,25(4):1—3.

[122]王晓燕.非点源污染及其管理[M].北京:海洋出版社,2003.

[123]邬伦,李佩武.降雨-产流过程与氮、磷流失特征研究[J].环境科学学报,1996,16(1):111—116.

[124]夏立忠,杨林章.太湖流域非点源污染研究与控制[J].长江流域资源与环境,2003,12(1):45—49.

[125]邢光熹,施书莲,杜丽娟,等.苏州地区水体氮污染状况[J].土壤学报,2001,38(4):540—546.

[126]胥彦玲,李怀恩,倪永明,等.基于USLE的黑河流域非点源污染定量研究[J].西北农林科技大学学报(自然科学版),2006,34(3):138—142.

[127]徐乃民,张金慧.水平梯田蓄水减沙效益计算探讨[J].中国水土保持,1993,3:32—34.

[128]许峰,蔡强国,吴淑安,等.三峡库区坡地生态工程控制

土壤养分流失研究——以等高植物篱为例[J].地理研究,2000,19(3):303—310.

[129]阎百兴,沈波,刘宝元.东北黑土区水土流失防治与生态安全[M].北京:科学出版社,2010.

[130]阎百兴,汤洁.黑土侵蚀速率及其对土壤质量的影响[J].地理研究,2005,24(4):499—506.

[131]阎百兴.吉林西部农田非点源污染负荷研究[D].长春:中国科学院长春地理研究所,2001.

[132]阎百兴.松嫩平原农业非点源污染研究[D].长春:吉林大学博士后研究报告,2004.

[133]阎伍玖,王心源.巢湖流域非点源污染初步研究[J].地理科学,1998,18(3):263—267.

[134]阎自申.前置库在滇池流域运用研究[J].云南环境科学,1996,15(2):33—35.

[135]晏维金,尹澄清,孙璞,等.磷氮在水田湿地中的迁移转化及径流流失过程[J].应用生态学报,1999,10(3):312—316.

[136]杨爱玲.城市饮用水地表水源保护研究——以东北区为例[D].长春:中国科学院东北地理与农业生态研究所,2000.

[137]杨建云.洱海湖区非点源污染与洱海水质恶化[J].云南环境科学,2004,23(4):104—106.

[138]杨龙元,秦伯强,胡维平,等.太湖大气氮、磷营养预算干湿沉降率研究[J].海洋与湖沼,2007,38(2):104—110.

[139]杨育红,阎百兴,沈波,等.^{137}Cs示踪技术在黑土区农业非点源污染负荷研究中的应用[J].地理科学,2010,30(1):124—128.

[140]叶瑜,方修琦,任玉玉,等.东北地区过去300年耕地覆盖变化[J].中国科学D辑:地球科学,2009,39(3):340—350.

[141]宇万太,马强,张璐,等.下辽河平原降雨中氮素的动态变化[J].生态学杂志,2008,27(1):33—37.

[142]岳勇,程红光,杨胜天,等.松花江流域非点源污染负荷

估算与评价[J].地理科学,2007,27(2):231-236.

[143]张德新.吉林省地表水功能区划[M].长春:吉林人民出版社,2005.

[144]张树文,张养贞,李颖,等.东北地区土地利用/覆被时空特征分析[M].北京:科学出版社,2006.

[145]张水龙,庄季屏.农业非点源污染研究现状与发展趋势[J].生态学杂志,1998,17(6):51-55.

[146]张信宝,贺秀斌,文安邦,等.侵蚀泥沙研究的^{137}Cs核示踪技术[J].水土保持研究,2007,14(2):152-154.

[147]张兴昌,刘国彬,付会芳.不同植被覆盖度对流域氮素径流流失的影响[J].环境科学,2000,21(6):16-19.

[148]张玉斌,郑粉莉,武敏.土壤侵蚀引起的农业非点源污染研究进展[J].水科学进展,2007,18(1):123-132.

[149]章明奎.应用土壤测试磷评估砂土中磷的可淋洗性[J].土壤学报,2004,41(6):996-1000.

[150]周根娣,梁新强,田光明,等.田埂宽度对水田无机氮磷侧渗流失的影响[J].上海农业学报,2006,22(2):68-70.

[151]朱继业,高超,朱建国,等.不同农地利用方式下地表径流中氮的输出特征[J].南京大学学报(自然科学版),2006,42(6):621-627.

[152]朱连奇,许叔明,陈沛云.山区土地利用/覆被变化对土壤侵蚀的影响[J].地理研究,2003,22(4):432-436.

[153]Knisel WG. Systems for evaluating nonpoint source pollution:An overview. *Mathematics and Computers in Simulation*,1982,24(2-3):173-184

[154]Yang A-L(杨爱玲),Zhu Y-M(朱颜明). The study of nonpoint source pollution of surface water environment. *Advances in Environmental Science*(环境科学进展),1999,7(5):60-67(in Chinese)

[155]Diebel MW,Maxted JT,Robertson DM,*et al*. Land-

scape planning of agricultural nonpoint source pollution reduction Ⅲ:Assessing phosphorus and sediment reduction potential. *Environmental Management*,2009,43(1):69—83

[156]Wang L-M(王良民),Wang Y-H(王彦辉). Research and application advances on vegetative filter strip. *Chinese Journal of Applied Ecology*(应用生态学报),2008,19(9):2074—2080(in Chinese)

[157]US Environmental Protection Agency. National Water Quality Inventory:1994 Report to Congress. Washington DC,1996

[158]Qian Y(钱 易). Prevention and Control of Water Pollution in Northeast China. Beijing:Science Press,2007(in Chinese)

[159]Li Q-S(李青山),Su B-J(苏保健). Analysis and control measures of algae pollution in Xinlicheng reservoir. *Journal of China Hydrology*(水文),2008,28(6):45—46(in Chinese)

[160]Zhang S-W(张树文),Zhang Y-Z(张养贞),Li Y(李颖),*et al*. Spatial-temporal Characteristics of Land Use/Cover in Northeast China. Beijing:Science Press,2007(in Chinese)

[161]Hao F-H(郝芳华),Chang H-G(程红光),Yang S-T(杨胜天). Non-Point Source Pollution Model:Theory,Methods and Applications. Beijing:China Environment Science Press,2006(in Chinese)

[162]Zhang M(张鸣). Analysis of impact of upstream reservoir pollution control on water quality. *Environment Protection Science*(环境保护科学),1991,17(1):16—20(in Chinese)

[163]Zhao G-H(赵国华),Zhang Z-J(张志军). A trend and prevention measure of pollution of nitrogen and phosphorous in the Dahuofang reservoir. *Environmental Monitoring in China*(中国环境监测),2001,17(1):49—51(in Chinese)

[164]Cui S-F(崔双发),Li S-Y(李树滢),Cao Y-K(曹月坤),

et al. Nitrogen and phosphorus flows and their budgets in Dahuofang reservoir. *Fisheries Science*(水产科学),2004,23(6):31—33 (in Chinese)

[165]Zhang Y-Z(张益智),He Y(赫颖). Study on nonpoint source pollution in Xinlicheng reservoir. *Jilin Water Resource* (吉林水利),1994,(8):31—33(in Chinese)

[166]Yang A-L(杨爱玲). Protection of Urban Drinking Water Surface Resource:A Case Study of Northeast China. PhD Thesis. Changchun:Northeast Institute of Geography and Agroecology,CAS,2000(in Chinese)

[167]Qian D-A(钱德安). Lake and Reservoir Water Environmental Management Model and A Case Study. Master's Thesis. Changchun:Jilin University,2006(in Chinese)

[168]Li Y(李莹). A Case Study of Surface Water Resource Protection for Drinking Water. Master's Thesis. Changchun:Jilin University,2006(in Chinese)

[169]Meng D(孟丹),Wang N(王宁),Liu Z-F(刘振峰). Evaluation on agricultural non-point source pollution potential in Shuangyang river catchment of Shitoukoumen reservoir. *Journal of Agro-Environment Science*(农业环境科学学报),2008,27(4):1421—1426(in Chinese)

[170]Li J(李俊),Lu W-X(卢文喜),Cao M-Z(曹明哲),*et al*. Application of principal component analysis in water environmental quality evaluation of Shitoukoumen reservoir in Changchun city.*Water Saving Irrigation*(节水灌溉),2009,(1):15—17(in Chinese)

[171]Wang N(王宁),Yu S-X(于书霞),Zhu Y-M(朱颜明). Study on the water quality polluting and contributing factors of Songhua Lake. *Journal of Northeast Normal University*(东北师大学报自然科学版),2001,33(1):64—69(in Chinese)

[172]Wang N(王宁),Zhu Y-M(朱颜明). The survey on non-point source pollution of heavy metals in Songhua Lake. *China Environmental Science*(中国环境科学),2000,20(5):419—421(in Chinese)

[173]Li H-Y(刘鸿雁),Xu Y-L(徐云麟). Preliminary observations of algal growth and lake eutrophication in Jingbo lake. *ACTA Ecological Sinica*(生态学报),1996,16(3):195—201(in Chinese)

[174]Yue Y(岳勇),Cheng H-G(程红光),Yang S-T(杨胜天),*et al.* Integrated assessment of nonpoint source pollution in Songhuajiang river basin. *Scientia Geographica Sinica*(地理科学),2007,27(2):231—236(in Chinese)

[175]Yang Y-H(杨育红),Yan B-X(阎百兴),Shen B(沈波),*et al.* Study on load of nonpoint source pollution in the second songhua river basin. *Journal of Agro-Environment Science*(农业环境科学学报),2009,28(1):161—165(in Chinese)

[176]Wang B(王波),Zhang T-Z(张天柱). Estimation of nonpoint source pollution loading in Liaohe basin. *Chongqing Environment Science*(重庆环境科学),2003,25(12):132—134(in Chinese)

[177]Zhang S-L(张水龙),Zhuang J-P(庄季屏). Forming law of agricultural non-point sources pollution of typical watershed in Liaoxi arid area. *Journal of Soil and Water Conservation*(水土保持学报),2001,15(3):81—84(in Chinese)

[178]Daniel TC,Mcguire PE,Bubenzer GD,*et al.* Assessing the pollutional load from nonpoint source:planning considerations and a description of an automated water quality monitoring program. *Environmental Management*,1978,2(1):55—65

[179]Leon LF,Soulis ED,Kouwen N,*et al.* Nonpoint source pollution:a distributed water quality modeling approach. *Water*

Research,2001,35(4):997—1007

[180]Ichiki A,Yamada K,Ohnishi T. Prediction of runoff pollutant load considering characteristics of river basin. *Water Science and Technology*,1996,33(4—5):117—126

[181]Zhang S-L(张水龙),Zhuang J-P(庄季屏). Study on distributed model on non-point sources pollution in agriculture on watershed scale. *Journal of Arid Land Resources & Environment*(干旱区资源与环境),2003,17(5):76—80(in Chinese)

[182]Shen W-B(沈万斌),Yang Y-H(杨育红),Jin G-H(金国华). Environmental impact assessment of ammonia nitrogen pollution of agricultural non-point sources in Jilin province. *Journal of Yunnan Agricultural University*(云南农业大学学报),2007,22(4):574—576(in Chinese)

[183]Yang Y-H(杨育红),Shen W-B(沈万斌). Preliminary study on estimating surface water non-point source pollution loads. *Journal of Jilin University(Earth Science Edition)*(吉林大学学报地球科学版),2006,36(Sup):105—107(in Chinese)

[184]Li H-J(李海杰). Study on Agricultural Non-Point Pollution in Shuangyang Reservoir Catchment of Jilin Province. PhD Thesis. Changchun:Jilin University,2007(in Chinese)

[185]Hu C(胡成),Pan M-X(潘美霞). Evaluating urban non-point source pollution load. *Journal of Meteorology and Environment*(气象与环境学报),2006,22(5):14—18(in Chinese)

[186]Zhang S-L(张水龙). Calculating agricultural non-point source pollution load based on watershed unit. *Journal of Agro-Environment Science*(农业环境科学学报),2007,26(1):71—74(in Chinese)

[187]Yuan Y(袁宇),Zhu J-H(朱京海),Hou Y-S(侯永顺),*et al*. Research on analysis method of non-point source contribution of land-based pollutants fluxes. *Research of Environmental*

Sciences（环境科学研究），2008，21（5）：169－172（in Chinese）

[188]Zhang J（张军）. Study of Non-Point Source Pollution in Jingbo Lake Reach. Master's Thesis. Changchun：Northeast Normal University，2006（in Chinese）

[189]Zhang Q-L（张秋玲），Chen Y-X（陈英旭），Yu Q-G（俞巧钢），*et al*. A review on non-point source pollution models. *Chinese Journal of Applied Ecology*（应用生态学报），2007，18（8）：1886－1890（in Chinese）

[190]Wang Z-M（王宗明），Zhang B（张柏），Song K-S（宋开山），*et al*. Domestic and overseas advances of nonpoint source pollution studies. *Chinese Agricultural Science Bulletin*（中国农学通报），2007，23（9）：468－472（in Chinese）

[191]Wang N（王宁），Zhu Y-M（朱颜明），Li S（李顺）. Analysis of dynamic variations and forming reasons of nourishment material in Songhua Lake. *Research of Environmental Sciences*（环境科学研究），1999，12（5）：27－30（in Chinese）

[192]Yan B-X（阎百兴），Tang J（汤洁），He Y（何岩）. Distribution characteristics of metabolites of BHC and derivatives of DDT from the agricultural runoff in the western Songnen Plain. *Environmental Science*（环境科学），2003，24（2）：82－86（in Chinese）

[193]Yan D-H（严登华），He Y（何岩），Wang H（王浩）. Environmental characteristics of the Atrazine in the waters in East Liaohe river basin. *Environmental Science*（环境科学），2005，26（3）：203－208（in Chinese）

[194]Wang H-Z（王浩正），He M-C（何孟常），Lin C-Y（林春野），*et al*. Distribution characteristics of organochlorine pesticikes in river surface sediments in SongLiao watershed. *Chinese Journal of Applied Ecology*（应用生态学报），2007，18（7）：1523－1527（in Chinese）

[195]Tang Y-L(唐艳凌),Zhang G-X(章光新). Relationships between watershed unit landscape pattern and agricultural non-point source pollution. *Chinese Journal of Ecology*(生态学杂志),2009,28(4):740−746(in Chinese)

[196]Li H-W(李宏伟),Yan B-X(阎百兴),Xu Z-G(徐治国),*et al*. Spatial and temporal distribution of total mercury(T-Hg) in water of Songhua River. *Acta Scientiae Circumstantiae*(环境科学学报),2006,26(5):840−845(in Chinese)

[197]Zhang F-S(张丰松),Yan B-X(阎百兴),He Y(何岩),*et al*. Speciation of mercury in water and sediments from the Songhua River during the icebound season. *Wetland Science*(湿地科学),2007,5(1):58−63(in Chinese)

[198]Jia H-Y(贾宏宇),Zhang Y(张颖),Guo W(郭伟),*et al*. Regulation of agricultural ponds on nonpoint source pollution. *Environmental Science and Technology*(环境科学与技术),2004,27(3):7−9(in Chinese)

[199]GuoY-D(郭跃东),He Y(何岩),Deng W(邓伟),*et al*. Purification of surface water nitrogen and phosphorus pollutants by Zhalong riparian wetland. *Environmental Science*(环境科学),2005,26(3):49−55(in Chinese)

[200]Shen W-B(沈万斌),Yang Y-H(杨育红),Dong D-M(董德明). Optimal management of song hua river water in Jilin province. *Journal of Jilin University*(*Science Edition*)(吉林大学学报理学版),2007,45(6):1043−1045(in Chinese)

[201]Siepel AC,Steenhuis TS,Rose CW,*et al*. A simplified hillslope erosion model with vegetation elements for practical applications. *Journal of Hydrology*,2002,258(1−4):111−121

[202]Hudson NW. Trans. Dou B-Z(窦葆璋). Soil Conservation. Beijing:Science Press,1975(in Chinese)

[203]Jing K(景可),Wang W-Z(王万忠),Zheng F-L(郑粉

莉). Soil Erosion and Environment in China. Beijing：Science Press，2005(in Chinese)

[204]Centner TJ，Houston JE，Keeler AG，Fuchs C. The adoption of best management practices to reduce agricultural water contamination. *Limnologica-Ecology and Management of Inland Waters*，1999，29(3)：366—373

[205]Zhu X-M(朱显谟). The formation of Loess Plateau and its harnessing measures. *Bulletin of Soil and Water Conservation*(水土保持通报)，1991，11(1)：1—8(in Chinese)

[206]Laflen JM，Moldenhauer WC. Pioneering soil erosion prediction：the USLE Story. Thailand：World Association Soil and Water Conservation，2003

[207]Wither PJA，Lord EI. Agricultural nutrient inputs to rivers and ground waters in the UK：policy，environmental management and research needs. *Science of the Total Environment*，2002，282—283(1)：9—24

[208]Pionke HB，Gburek WJ，Sharpley AN. Critical source area controls on water quality in an agricultural watershed located in the Chesapeake Basin. *Ecological Engineering*，2000，14(4)：325—335

[209]Dou P-Q(窦培谦)，Wang X-Y(王晓燕)，Qin F-L(秦福来)，Wang L-H(王丽华). Research on loss of nitrogen and phosphorus in watershed. *Anhui Agriculture Science Bulletin*(安徽农学通报)，2005，11(4)：151—153(in Chinese)

附录：已发表的相关文章

一、小流域面源污染防治措施优化配置

阎百兴[1]，杨育红[1,2]

（1. 中国科学院东北地理与农业生态研究所湿地生态与环境重点实验室，长春 130012；2. 华北水利水电学院水利学院，郑州 450011）

摘要：湖库水体富营养化的重要原因是营养元素的大量输入，其中又以农田营养元素流失为重。以长春市重要饮用水源地莫家沟小流域为研究区，选择横垄耕作、修建梯田、退耕还林、化肥减施和人工湿地 5 种措施进行地表径流处理；建立包括动态规划和水质模型在内的优化管理模型，以 TP 为单一状态变量，以水库水质标准为约束条件；采用不同措施的土地面积和化肥施用水平为决策指标。模拟计算 3 个阶段的可行性最优方案分别为：2011—2020 年，选取措施为施肥量不变，现状梯田面积不变，坡度≤5°的耕地采取横垄耕作，其他退耕还林；2021—2030 年，在第一阶段实施方案的基础上，新建人工湿地 0.03 km²；2031—2050 年，全部农田原位退耕还林，保持人工湿地面积不变，入库水质 TP≤0.01 mg L⁻¹。动态规划是解决流域污染控制问题的一种有效工具。

关键词：动态规划；TP；水土保持措施；面源污染治理；水库流域

中图分类号：X524　　　　**文献标识码**：A

Optimal Diffuse Pollution Control Practices for a Small Watershed

YAN Bai-xing[1], YANG Yu-hong[1,2]

（1. Key Laboratory of Wetland Ecology and Environment, Northeast Institute of Geography and Agroecology, Chinese Academy of Sciences, Changchun 130012 China; 2. College of Water Resources, North China University of Water Resources and Electric Power, Zhengzhou 450011 China）

Abstract：Excessive nutrient loading is the key cause of eutrophication. Most pollution in lake or reservoir comes mainly from agricultural lands. Mojiagou watershed is chosen to study small watershed comprehensive control. Five structural management practices, contour farming, terrace cultivation, grain to green, fertilizer reduction, and constructed wetland, are selected to treat surface runoff. The complete model consists of two interacting components: an optimization model based on dynamic programming and a zero-dimensional river water quality model. Total phosphorus is the single state variable. The constraints are the water quality standards for TP concentration in the reservoir. The decision indexes are the area constructed and fertilizer applied. The optimal management model is used to simulate pollutant concentration in Mojiagou watershed under three stages of twenty-one possible scenarios. The resulting practical scenarios for three stages are achieved. In 2011 to 2020, the concentration for TP can meet grade Ⅲ standard in reservoir when the corn fields of less than five degree are farmed along the contour line, terrace area no change and other fields turn grain to green. To attain TP grade Ⅱ in 2021 to 2030, there is a need of 0. 03 km² constructed wetland based on the first strategy. All corn fields were turned to grow trees, no fertilizer was applied, the water quality will meet TP grade Ⅰ standard in 2031 to 2050. The modeling framework developed in the present study is an efficient tool for planning a watershed-wide implementation of pollution control practices for mitigating runoff pollution impact on the receiving water bodies.

Key words: Dynamic programming; TP; Soil and water conservation practices; Diffuse pollution control; Reservoir watershed

面源(也称非点源)是全球水环境恶化的主要污染源。20 世纪 80 年代以来,全球陆地面积的 30%~50%受面源污染影响[1]。我国 63%的湖泊水体呈现富营养化,其中 50%以上的 N、P 负荷来自农业面源[2]。2007 年我国农业源 TN、TP 排放量分别占排放总量的 57.2%和 67.4%[3]。2006 年松花江流域面源污染负荷超过总负荷的 50%,成为流域主要污染源[4];同年,松花江流域列入国家"十一五"重点治理流域。《松花江流域水污染防治规划 2006—2010》要求加强松花江流域农业面源水污染影响及控制措施研究,提出选择代表性区域进行试点示范是水环境质量改善的基本保障。小流域农业面源污染防治在东北地区处于萌芽阶段,

① Lovejoy S B, Lee J G, Randhir T O, et al. Research needs for water quality management in the 21ˢᵗ century: A spatial decision support system [J]. *Journal of Soil and Water Conservation*, 1997, 52(1):19—23.

② 王晓燕. 非点源污染及其管理[M]. 北京:海洋出版社,2003:1—10.

③ 中华人民共和国环境保护部,中华人民共和国国家统计局,中华人民共和国农业部. 第一次全国污染源普查公报[R],2010:6—12.

④ 杨育红,阎百兴,沈波,等. 第二松花江流域非点源污染输出负荷研究[J]. 农业环境科学学报,2009,28(1):161—165.

但水土流失防治综合体系比较完善,探索水保措施的面源污染防治效果,进行小流域污染防治措施综合选取、污染防治效果评价等研究,是流域水环境质量改善的迫切需要。

(一)材料与方法

1. 研究区概况

莫家沟小流域位于吉林省长春市重要饮用水源地石头口门水库西岸,在水源地二级保护区范围内,面积约 4.286 km²;总人口 126 人。地形属低山丘陵区;流域土地利用类型和流域坡度见图 1。55.0% 的土地为林(草)地,其次是耕地,占 38.9%,道路建筑和水域面积分别占总面积的 3.6% 和 2.5%。耕地均为坡耕地,是典型的雨养旱地。其中,<5°的有 0.411 km²,占耕地总面积 24.65%;5°~8°的 0.602 km²,占 36.12%;8°~15°的 0.609 km²,占 36.52%;15°~20°的 0.044 km²,占 2.63%;>20°的 0.001 km²,占 0.08%。作物以玉米连作为主;1/10 的秸秆用作薪柴,其他堆在道旁沟边或就地田间点燃还田,无残茬覆盖和秸秆过腹还田等保护性耕作措施。

无机化肥施用量逐年增加,有机肥施用量为零。播种前,一次性施肥(15~20 cm 深度),无追肥。化肥施用量(实物)750 kg hm⁻²;折纯 N、P、K 肥分别为 130 kg、120 kg、90 kg。单位耕地面积施用化肥量(折纯)从不到 10 kg hm⁻²(1965 年)增加到 340 kg hm⁻²(2007 年),大于吉林省平均水平 300 kg hm⁻²。

农田氮磷等物质随降雨径流直接汇入石头口门水库。水土流失造成的面源污染不仅影响着水库水质,而且降低土地生产力,刺激化肥施用,形成恶性循环。因此,在污染物进入水库前,需要采用一系列措施进行面源污染防治。

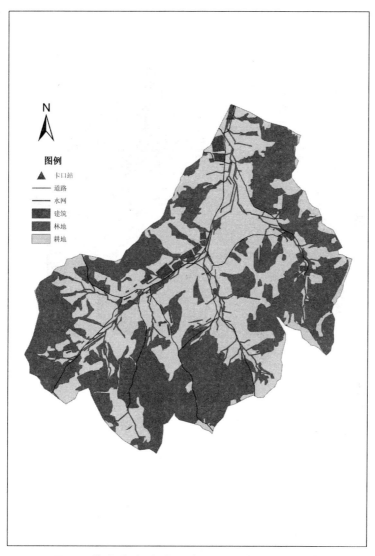

图 1　莫家沟小流域土地利用和坡度空间分布

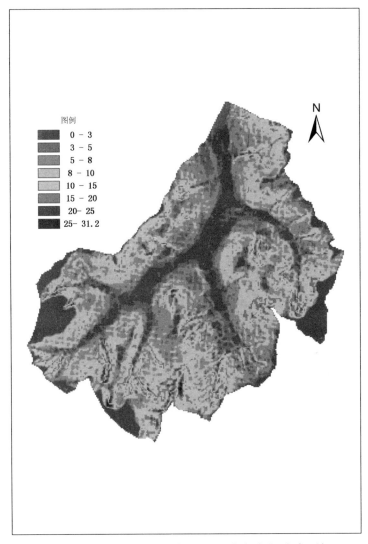

图1 莫家沟小流域土地利用和坡度空间分布(续)

2.面源污染防治措施

研究区道路建筑和水域面积不变;结合东北黑土区水土流失综合防治一期工程"饮马河流域吉林省长春市莲花山流域项目"的实施,拟采取的农田措施为横垄、梯田、退耕还林、化肥减施4种;入库前滩涂地修建人工湿地(种植芦苇)。共设计近期

(2011—2020)、中期(2021—2030)、远期(2031—2050)规划 3 个阶段。近期目标,小流域入库水质达到Ⅲ类标准,$C_i \leqslant 0.05 \, \text{mg L}^{-1}$;中期目标,入库水质达到Ⅱ类标准,$C_i \leqslant 0.025 \, \text{mg L}^{-1}$;远期目标为入库水质达到Ⅰ类标准,$C_i \leqslant 0.01 \, \text{mg L}^{-1}$。每套规划又分若干方案,共计 21 个措施组合方案,见表 1。由于小流域已经修建梯田 0.198 km^2,故无论方案如何调整,这部分梯田面积不会减少到 0 km^2。

表 1 动态规划模型中所选措施说明

编号	措施表征			简要说明
	梯田 (km²)	横垄 (km²)	林地 (km²)	
0、4、8、12、16、18	0.198	1.469	2.359	现状梯田、横垄、林地面积
1、5、9、13、17、19	0.198	0.411	3.417	现状梯田、≤5°横垄、其他退耕还林
2、6、10、14	0.602	0.411	3.013	≤5°横垄、5°～8°修建梯田、其他退耕还林
3、7、11、15	1.256	0.411	2.359	≤5°横垄、≥8°修建梯田、现状林地
20	0.198	1.469	2.359	全部农田原位退耕还林,地块产流不变
21	0.198	0.411	3.147	现状梯田、≤5°横垄、其他均原位退耕还林

3.动态规划模型

国外面源污染控制与管理经验历史表明,结合面源污染调查、面源污染输移过程、机理研究和防治措施的污染减少效果,构建以实用性为目标的管理模型,并将其纳入水污染防治规划,能够极大地促进面源污染的控制与管理。建立小流域动态规划管理模型最重要的是阶段的划分、状态变量的选择、决策的区分以及状态转移方式的确定。动态规划方法在解决高维或状态变量多于 2 个时,计算复杂。因此,选用水库限制性因子 TP 作为单一状态变量,进行模型求解。

(1)问题描述

吉林省地表水功能区划规定石头口门水库为饮马河长春市饮用水源、渔业用水区,其主导功能为饮用水源区,水库水中心和大坝水质控制目标为Ⅱ类水质①。"九五"末期至今,石头口门水库水质一直为Ⅲ类水体;主要污染指标 TP 全年平均浓度逐年增加,水体显现富营养化趋势②。2007 年汛期水库 TP 浓度 0.06 mg L⁻¹,水环境形势严峻。

家沟小流域土地利用主要有林地、耕地、建筑道路、水域 4 类。流域内人居分散,以农业种植为主,人均用水 10～30 L d⁻¹,无生活、工业点源排放。对水库造成面源磷污染的主要是农田磷素流失。

(2)模型建立思路

按照动态规划法程序,首先在空间上将小流域划分为林地、耕地和水体 3 类土地利用类型,是对流域面源污染输出具有决定作用的因子。根据无后效性原则,假设降雨径流行经过林地,到耕地然后进入水体,此过程不会逆向发生。小流域的动态规划问题主要集中在林地、耕地、河道人工湿地的面积变化。阶段、状态、决策及其变量确定为,阶段:措施 i,按照从下游向上游方向的顺序编号,如图 2 中的 1、2、3;状态:径流 TP 浓度,mg L⁻¹;决策:采用面源污染防治措施的土地面积。采取措施的土地面积是控制排入河道径流量多少的变量,决定了措施的效率和费用。

(3)模型组成

动态规划模型由状态转移方程和约束条件 2 部分组成。

状态转移方程:

① 张德新.吉林省地表水功能区划[M].长春:吉林人民出版社,2005:6－10.

② 吉林省环境保护局.吉林省环境质量报告书[R],1996—2009.

$$C_i = \frac{A_{i+1}Q_{i+1}C_{i+1} \cdot \exp\left(-\dfrac{kx}{86400u}\right) - A_i\eta_i}{A_{i+1}Q_{i+1}} \qquad (1)$$

$$C_{i+1} = \frac{\sum A_j Q_j C_j}{\sum A_j Q_j} \qquad (2)$$

式中,C 为污染物 TP 浓度,mg L^{-1};A 为采用措施的土地面积,m^2;Q 为径流深,m;u 为流速,m s^{-1};k 为污染物衰减系数,d^{-1};x 为污染物在河道的输移距离,m;η 为河道采用人工湿地处理的除磷效率,kg hm^{-2}。

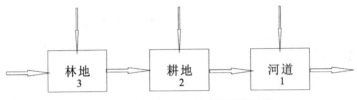

图 2 小流域动态规划问题示意

约束条件:$C_i \leqslant$ 湖库水质 TP 标准(Ⅰ、Ⅱ、Ⅲ 类);$A_{i+1} \leqslant$ 4.026 km^2(耕地+林地面积);$A_i \leqslant 0.864$ km^2(径流入库前可修建芦苇人工湿地的水库漫滩地面积)。

4.模型参数确定

小流域主要水体是一条季节性小河,总长约 2 km,直接汇入水库,河流自净能力差。河道内 TP 衰减系数 k 为 0。径流深 Q 采用 SCS 径流曲线数法,莫家沟小流域 $Ia = 0.02S$。

农田径流中 TP 含量与土壤 TP 关系密切,农田土壤 WEP 的径流提取系数为 0.281,即采取化肥减施后,污染负荷可以减少约 28%,土壤 WEP 每减少 1 mg kg^{-1},径流 DTP 就减少 0.281 mg L^{-1}[①]。根

① 杨育红,阎百兴.土壤磷向地表径流迁移的提取系数研究[J].水土保持学报,2010,24(1):61—64.

据大田作物无污染施氮量 180 kg/hm²[①] 和长春市水源地农田 N、P 优化配比 3:1[②],化肥施用量减少到大田作物无污染的施磷量标准为 60 kg hm⁻²(折纯量),即是石头口门水库大田作物无污染的施磷肥量。以此估算现状 120 kg hm⁻² 施肥量减少到 60 kg hm⁻² 后,横垄措施和梯田措施的径流溶解态 TP 浓度分别为 $0.04 \times (1-0.281) = 0.03$ mg L⁻¹ 和 $0.33 \times (1-0.281) = 0.24$ mg L⁻¹。人工湿地去除氮磷效率 8.4 kg hm⁻² 引用《松花江流域饮用水源工程长春市石头口门水库水源地污染治理工程可行性研究报告》。TP 浓度及其他模型所需参数见表 2。

表 2　动态规划模型参数及数值

项目	径流 TP 浓度(mg/L)	年均径流深 Q(m)	实施面积 A(km²)	η(kg/hm²)
横垄	0.04/0.03	0.395	a	—
梯田	0.33/0.24	0.217	b	—
林地	0.03	0.342	2.359	—
道路	0.07	0.410	0.152	—
人工湿地	—	0.449	A_1	8.4

(二)结果与讨论

1.模型求解

动态规划模型的通常解法是逆序解法,即从问题的最后一个阶段往前逆推。应用动态规划模型模拟莫家沟小流域入库 TP 水

① 侯彦林,周永娟,李红英,等.中国农田氮面源污染研究:Ⅰ污染类型区划和分省污染现状分析[J].农业环境科学学报,2008,27(4):1271-1276.

② 杨爱玲.城市饮用水地表水源保护研究——以东北区为例[D].长春:中国科学院东北地理与农业生态研究所,2000:69-70.

质分别实现近期、中期、远期目标情景；6 种措施、21 套方案的模拟实施结果详见表 3。

表 3　动态规划模型模拟结果

编号	规划年	施磷量（kg/hm²）	梯田（km²）	横垄（km²）	林地（km²）	人工湿地（km²）	入库 TP（mg/L）	入库径流（10⁴ m³）
0	2010 年	120	0.198	1.469	2.359	0	0.04	149
1	2011 | 2020	120	0.198	0.411	3.417	0	0.04	144
2			0.602	0.411	3.013	0.018	0.05	139
3			1.256	0.411	2.359	0.054	0.05	128
4		60	0.198	1.469	2.359	0	0.04	149
5			0.198	0.411	3.417	0	0.04	144
6			0.602	0.411	3.013	0	0.05	139
7			1.256	0.411	2.359	0.031	0.05	132
8	2021 | 2030	120	0.198	1.469	2.359	0.033	0.025	151
9			0.198	0.411	3.417	0.030	0.025	145
10			0.602	0.411	3.013	0.059	0.025	141
11			1.256	0.411	2.359	0.108	0.025	135
12		60	0.198	1.469	2.359	0.021	0.025	150
13			0.198	0.411	3.417	0.021	0.025	145
14			0.602	0.411	3.013	0.042	0.025	140
15			1.256	0.411	2.359	0.077	0.025	134
16	2031 | 2050	120	0.198	1.469	2.359	0.060	0.01	152
17			0.198	0.411	3.417	0.054	0.01	146
18		60	0.198	1.469	2.359	0.049	0.01	151
19			0.198	0.411	3.417	0.048	0.01	146
20		0	0.198	1.469	2.359	0.030	0.01	151
21			0.198	0.411	3.417	0.030	0.01	145

2.防治措施配置

结果显示，入库径流量变化范围 $128\times10^4\sim152\times10^4$ m³，经 SPSS 单样本 t 检验，变异系数 0.048，说明不同措施组合的入库径流量无显著差异。可见，无论选择哪种方案和情景，入库径流量不是影响方案确定的主要因素。

（1）理论性方案优选

理论上计算，2011—2020 年目标规划的 7 个方案中，以现有土地利用不变，减少施肥方案（编号 4）最优，无需新建梯田、人工湿地和转变土地利用方式。入库 TP 浓度 0.04 mg/L，满足水库 Ⅲ类水质标准，径流量 149×10^4 m³，该方案经济、环境效益明显。第一阶段规划，施肥量对减少 TP 污染负荷影响较小；梯田修建面积是影响 TP 浓度的主要因子。

2021—2030 年目标规划的 8 个方案中，从成本效益方面而言，达到入库水质满足 Ⅱ类标准，最优选项应该是在现状土地利用方式不变的情况下，化肥减施，修建人工湿地 0.021 km²（编号 12）。此阶段，同样土地管理措施条件下，施肥量对 TP 浓度有明显影响，直接关系到为满足水质标准修建人工湿地的面积。

《中华人民共和国水污染防治法》第五十九条规定，禁止在饮用水水源二级保护区内新建、改建、扩建排放污染物的建设项目；已建成的排放污染物的建设项目，由县级以上人民政府责令拆除或者关闭。莫家沟小流域位于石头口门水库水源地二级保护区内，农业面源污染作为一种重要的水环境污染源，迫切需要纳入到环境总量控制目标中。因此，在 2050 年，争取实现二级保护区内，全部农田退耕还林，控制或减少面源污染产生。2031—2050 年阶段目标实现的最优方案首推全部农田原位退耕还林（编号 20），如梯田退耕还林后，其地形不变，产流量与原来梯田相同，不能按照林地产流量计算。届时修建人工湿地 0.03 km²，即可满足水质 TP 浓度达到水库 Ⅰ类 TP 标准，入库径流量 151×10^4 m³。此阶段，不再新建梯田和人工湿地面积，施肥量决定了最优方案的选取。

（2）可行性方案确定

但是通过走访当地居民，调查化肥施用情况，发现农田化肥施用量逐年增加。而且，国家粮食增产规划和鼓励农民种粮等惠农政策的实施，在没有足够令人信服的证据证明化肥减施不会影响玉米产量的情况下，短时期内农民不会考虑为改善水环境质量主动采取减少化肥施用的措施。因此，近期（2011—2020 年）目标的实现，实际选择的最优方案与理想方案不同，建议选取方案 1，即施肥量 120 kg/hm²，现状梯田面积 0.198 km² 不变，≤5°的耕地 0.411 km² 采取横垄耕作，其他退耕还林，林地面积计 3.417 km²，无需建设人工湿地。

对于中期（2021—2030 年）目标而言，如果第一阶段选择方案 1 实现近期目标水质 TP≤0.05 mg L⁻¹，则此阶段最优方案（编号 9）只需在已有措施（编号 1）的基础上，修建人工湿地 0.03 km²，即可满足水质 TP≤0.025 mg L⁻¹。2030 年，希望通过采取以上措施，改善石头口门水库水环境，实现水库水质 Ⅱ 类标准，让长春市民喝上放心水。

实现远期（2031—2050 年）水质 TP≤0.01 mg L⁻¹ 目标，在第二阶段土地利用的基础上，选择方案 21，即保持已建人工湿地面积，农田原位退耕还林，化肥施用量为 0 kg hm⁻²。

另外，水库滩涂地种植芦苇改造为人工湿地，一定程度上也可以减少附近农户在水库滩涂地上放养家畜，减少牲畜排泄废物直接进入水库。

（三）结论

动态规划是解决污染控制问题的一种有效算法。建立动态规划管理模型，可模拟满足不同阶段小流域出口水质的面源污染防治措施配置。通过设计 3 个阶段 21 个方案，逐步实施，可以实现远期目标，即小流域入库水质 TP≤0.01 mg L⁻¹。

梯田措施虽然是有效的水土保持措施，但对于减少农业面源污染来说,与其水土保持效果存在差距。因此,应谨慎选取不同的水土保持措施用于农业面源污染的减少或控制;多种水保措施与面源污染防治措施的有机组合是今后研究的重点。

(四)参考文献

[1]Lovejoy S B,Lee J G,Randhir T O,et al. Research needs for water quality management in the 21st century:A spatial decision support system[J]. *Journal of Soil and Water Conservation*,1997,52(1):19—23.

[2]王晓燕.非点源污染及其管理[M].北京:海洋出版社,2003:1—10

[3]中华人民共和国环境保护部,中华人民共和国国家统计局,中华人民共和国农业部,第一次全国污染源普查公报[R],2010:6—12.

[4]杨育红,阎百兴,沈波,等.第二松花江流域非点源污染输出负荷研究[J].农业环境科学学报,2009,28(1):161—165.

[5]张德新.吉林省地表水功能区划[M].长春:吉林人民出版社,2005:6—10.

[6]吉林省环境保护局.吉林省环境质量报告书[R],1996—2009.

[7]杨育红,阎百兴.土壤磷向地表径流迁移的提取系数研究[J].水土保持学报,2010,24(1):61—64.

[8]侯彦林,周永娟,李红英,等.中国农田氮面源污染研究:Ⅰ污染类型区划和分省污染现状分析[J].农业环境科学学报,2008,27(4):1271—1276.

[9]杨爱玲.城市饮用水地表水源保护研究——以东北区为例[D].长春:中国科学院东北地理与农业生态研究所,2000:69—70.

二、地表水非点源污染负荷计算方法探讨[①]

杨育红，沈万斌[②]

（吉林大学环境与资源学院，吉林长春 130012）

摘要：以多年河流统计监测资料为基础，运用两点法，考虑非点源影响，逆推计算，求得地表水非点源污染负荷。以吉林省为例，分析了吉林省 4 大水系 15 条河流 65 个监测断面 2000—2004 年统计资料，运用两点法确定吉林省主要河流 COD 衰减系数（K），逆推计算得到吉林省非点源污染负荷为 1443.711 m^3/s，其中松花江水系 802.93 m^3/s，图们江水系 108.369 m^3/s，辽河水系 372.392 m^3/s，浑江、鸭绿江水系 160.02 m^3/s。

关键词：非点源污染负荷；地表水；计算方法；吉林省

Preliminary Studies on Estimating Surface Water Non-Point Source Pollution Loads

SHEN Wan-bin，YANG Yu-hong

（College of Environment and Resources，Jilin University，Changchun 130012，China）

Abstract：The non-point source pollution loads（NPSPL）

---

① 稿日期：2006—10—10

基金项目：吉林省环境保护研究项目（吉环科字第 2003—06）

② 讯作者：沈万斌（1955— ），男，辽宁台安人，博士，副教授，主要从事环境规划与管理教学研究. Email—shenwanbin@jlu.edu.cn were derived from the converse inference and adjusting by the two-point method on the basis of the statistic and monitored data. In the case of Jilin province, the total loads were 1443.711 m^3/s, of which, the Songhua River systems were 802.93 m^3/s, Tumen river systems were 108.369 m^3/s, Liaohe river systems were 372.392 m^3/s, Yalv river and Hunjiang river systems were 160.02 m^3/s, on the basis of the main rivers delay coefficients, by analyzing the statistic and monitored data of the main 15 rivers in Jilin province from 2000 to 2004.

Keywords: non-point source pollution loads; the surface water; estimating method; Jilin province

地表水环境点源污染已得到了有效控制,非点源污染由于其时空差异大,污染物及排放途径的不确定性,随机性更强,成分、过程更复杂,已成为地表水环境的主要污染源[1]。常用的地表水非点源污染负荷模型有:暴雨水管理模型(SWMM)、流域非点源污染模型(ANSWER)、通用土壤流失方程(USLE)、水侵蚀预报工程模型(WEPP)等以及输出系数法、水质水量相关法和平均浓度法等[2]。

本文在对吉林省4大水系15条河流65个断面进行了化学需氧量(COD)衰减系数确定的基础上,运用两点法公式,反推计算,得到吉林省地表水非点源污染负荷总量以及各流域的非点源污染负荷量。

(一)计算模型

地表水各监测断面的污染物衰减系数是一定的,在采用两点

① 宫莹,阮晓红,胡晓东.我国城市地表水环境非点源污染的研究进展[J].中国给水排水,2003,19(3):21—23.

② 阮晓红,宋世霞,张瑛.非点源污染模型化方法的研究进展及其应用[J].人民黄河,2002,24(11):25—27.

法先行计算各监测断面的衰减系数(K)值的基础上,反推计算,得到各断面的非点源污染负荷。

1. 两点法

衰减系数(K)虽然和河流的物理条件、化学条件以及生物的种类、环境的水热条件和供氧状况、污染物自身的物理化学性质等因素有关,但对同一断面、同一污染物来说,其值是一定的。所以,利用两点法,只要实测到某一河段上、下游断面的各自污染物浓度以及流经上、下游断面的时间,就可以估算出该断面的衰减系数(K)。

估算公式为[①]:

$$K = \frac{1}{\Delta t} \cdot \ln \frac{C_A}{C_B} \tag{1}$$

式中:Δt 为流经上、下游断面的时间,d;C_A、C_B 为上、下游断面处污染物浓度,mg/L;$\Delta t = \dfrac{\Delta x}{86400u}$,$\Delta x$ 为上、下游断面间距,km;u 为河流流速,m/s。

2. 非点源污染负荷计算

水环境参数计算公式选用[②]:

$$C_x = C_0 \cdot \exp(-\frac{Kx}{86400u}) \tag{2}$$

式中:C_x 为河流下游 X 处污染物的浓度,mg/L;C_0 为充分混合点河流中污染物的浓度,mg/L;x 为断面间距离,m;u 为河流平均流速,m/s;K 为衰减系数,1/d。

在进行河流各监测断面污染物衰减系数的计算中,充分考虑

---

① 郑铭.环境影响评价导论[M].北京:化学工业出版社,2003:180—181.

② 沈万斌,董德明,宿华,等.嫩江齐齐哈尔市江段水环境优化管理方案[J].吉林大学学报(地球科学版),2003,33(4):519—523.

了非点源和点源污染负荷,将河流某上游浓度 C_0 细化为包括点源、非点源和河流污染物背景值的完全混合,计算公式为:

$$C_0 = \frac{Q_河 C_河 + Q_点 C_点 + Q_非 C_非}{Q_河 + Q_点 + Q_非}$$

据此,推导出非点源污染负荷计算公式:

$$Q_非 = \frac{Q_河 C_河 + Q_点 C_点 - Q_河 C_0 - Q_点 C_0}{C_0 - C_非} \tag{3}$$

式中:$Q_河$、$C_河$ 为充分混合点河流流量和污染物浓度,mg/L;$Q_点$、$C_点$ 为外界输入点源流量和浓度;$Q_非$、$C_非$——外界输入非点源流量和浓度。

河流流量采用近 30 年吉林省各主要河流水文统计资料平均值;点源流量和浓度来源于 2000—2004 年《吉林省环境质量报告书》,同时参考城市污水处理厂污水排污口的位置和工业集中区情况,将污水量和浓度分配到各河流监测断面上;非点源浓度采用类比法选取,通常非点源浓度取值为高锰酸盐指数 3.9～46.8 mg/L,化学需氧量 14.8～221.5 mg/L[①] 之间。

对地表水环境监测数据及资料进行分析,利用公式(2)、(3)在计算机上反复模拟计算,适当调整各监测断面的点源排放量、点源排放浓度和非点源排放浓度,使河流监测断面浓度的计算值与监测数据相吻合,可得到各监测断面的非点源排放量,总计可得流域地表水非点源污染总负荷。

(二)实例研究

吉林省是河源省份,处于东北地区主要江河的上、中游地带。境内河流分属松花江、辽河、图们江、鸭绿江、绥芬河五大水系,全省河川径流量 356.57 亿 m³。主要江河 19 条:松花江水系有松花江嫩江口以上、嫩江口以下两段,嫩江、洮儿河、辉发河、牡丹江;辽河水系有东辽河、西辽河、新凯河、辉发河;辽河水系有东辽河、

---

① 张大弟,陈佩倩,支月娥. 上海市郊 4 种地表径流及稻田水中的污染物浓度[J]. 上海环境科学,1997,15(9):4—6.

西辽河;图们江水系有图们江、珲春河、嘎呀河、布尔哈通河、海兰河;鸭绿江水系有鸭绿江和浑江。

因为非点源污染主要来源于降雨产生的径流,故研究内容选取松花江、图们江、辽河和鸭绿江4大水系的15条河流的65个监测断面的丰水期进行监测,按照《吉林省环境质量报告书》监测数据类别,丰水期选取每年的6、7、8、9四个月份。选取的主要河流为:松花江水系的松花江、牡丹江、洮儿河、辉发、饮马河、伊通河;图们江水系的图们江干流、嘎呀河、布尔哈通河和海兰河;鸭绿江水系的鸭绿江干流和浑江;辽河水系的东辽河、招苏台河和条子河。

1.河流监测断面情况

河流水文参数为近30年统计平均值,各断面污染物监测浓度为高锰酸盐指数2000—2004年监测值的平均值。

2.点源排放

吉林省点源污水排放主要包括工业废水和生活污水排放。全省2000—2004年废水排放总量平均为84048万 t/a,其中工业废水排放量平均为34535万 t/a t,生活污水排放量平均为49513万 t/a。化学需氧量排放量398174 t/a,其中工业废水的化学需氧量(COD)排放量平均为153282 t/a,生活污水的化学需氧量排放量平均为244892 t/a。吉林省各城市污水排放量及化学需氧量排放量见表1。

表1　吉林省2000—2004年城市点源平均排放量

地区	工业废水		生活污水		合计	
	排放量 (10⁴ t/a)	COD量 (t/a)	排放量 (10⁴ t/a)	COD量 (t/a)	排放量 m³/s	COD量 (t/a)
长春	3638	8325	18354	58250	6.97	66575
吉林	14491	20849	7644	45724	7.02	66573

地区	工业废水		生活污水		合计	
	排放量 (10^4 t/a)	COD 量 (t/a)	排放量 (10^4 t/a)	COD 量 (t/a)	排放量 m^3/s	COD 量 (t/a)
四平	953	12042	2963	26284	1.24	38326
辽源	472	2354	1194	11256	0.53	13610
通化	5075	7479	5903	22352	3.48	29831
白山	1237	3981	2137	18200	1.07	22181
松原	735	1743	1498	15306	0.71	17049
白城	1602	24302	2384	17382	1.26	41684
延边	6333	72207	7436	30138	4.37	102345
合计	34535	153282	49513	244892	26.65	398174

注:数据来源于《吉林省环境质量报告书 2000—2004 年度》

3.衰减系数计算

采用两点法公式(1)计算衰减系数。由于河流化学需氧量监测多采用高锰酸盐指数,点源与非点源排放量采用化学需氧量,故选取 $COD_{Mn} = 3.3COD_{Cr}$[①]。

(三)非点源量计算

将非点源入河断面概化在各监测断面上,点源排放量及其浓度作为最初赋值,按照所属流域在各监测断面上进行初步分配,通过计算机运用公式(2)、(3)调整得到河流各监测断面非点源污染负荷,结果见表2。

---

① 周汉葵.河流水中化学需氧量与高锰酸盐指数相关关系[J].环境科学动态,2005,2:22—23.

表2 吉林省主要河流衰减系数与非点源量计算结果

断面名称	K (1/d)	非点源量 (m³/s)	断面名称	K (1/d)	非点源量 (m³/s)
白山大桥	0.046	0.100	汇合口	0.632	0.001
临江大桥	0.060	11.300	林家		7.130
一闸门	0.870	2.400	四台子	0.101	0.001
沙金	0.590	0.100	立新屯	0.900	60.000
福兴	0.250	8.380	六家子		25.650
丰满	0.290	74.800	大阳岔	0.240	0.100
龙潭桥	0.260	60.600	河口	0.480	8.440
九站	0.300	94.100	七道江	0.430	93.000
哨口	0.488	8.000	西村	0.300	13.100
白旗	0.342	51.600	五道江	0.330	8.600
松花江村	0.300	21.800	弯弯川	0.300	1.900
新立城	0.005	12.020	民主		7.220
水厂小坝	0.040	7.720	云峰	0.360	0.800
杨家崴子	0.652	182.000	太王	0.420	9.660
靠山大桥	0.354	33.600	水文站	0.530	2.800
靠山南楼	0.290	87.200	太平江口		14.400
镇江口	0.290	62.300	关门	0.420	0.100
畜牧场	0.210	31.700	碧岩	0.650	2.700
西大嘴子	0.294	28.300	东盛桥	0.260	5.400
泔水缸		15.000	河龙	0.700	0.122
镇西大桥	0.600	0.010	安图下	0.360	0.300
到保大桥		9.900	榆树川	0.080	5.300
马号	0.520	0.300	延吉上	0.100	14.000

断面名称	K (1/d)	非点源量 (m³/s)	断面名称	K (1/d)	非点源量 (m³/s)
敦化上	0.420	53.000	延吉下	0.420	11.500
敦化下	0.620	55.200	磨盘山	0.190	11.600
大山		70.200	团结	0.280	9.570
辽河源	0.376	0.600	八叶桥	0.430	40.000
拦河闸	0.510	3.010	南坪	0.503	0.800
气象站	0.730	31.900	开山屯	0.390	0.237
河清	0.634	18.600	图们	0.700	3.400
城子上	0.587	2.920	河东	0.343	1.900
周家河口	0.240	7.780	圈河		1.440
四双大桥		36.100			
合计	1443.711	1082.540			361.171

(四)小结

运用两点法,计算河流衰减系数,经过模型验证,绝对误差精度较高,计算所得的地表水非点源污染负荷总量具有一定的可信度。运用公式(2)、(3)计算,吉林省地表水非点源污染负荷总量为 1443.711 m³/s,其中松花江水系 802.93 m³/s,图们江水系 108.369 m³/s,辽河水系 372.392 m³/s,浑江、鸭绿江水系 160.02 m³/s。

该方法需要掌握大量地表水环境的水文资料和监测数据,尤其是各监测断面的流量、流速及控制断面间的距离,分析统计工作繁重,但不失为一种更精确有效的计算地表水非点源污染负荷的方法。

(五)参考文献

[1]宫莹,阮晓红,胡晓东.我国城市地表水环境非点源污染

的研究进展[J].中国给水排水,2003,19(3):21—23.

[2]胡艳,张红举.非点源污染计算与控制研究进展[J].安徽农业科学,2003,31(5):788—790,824.

[3]阮晓红,宋世霞,张瑛.非点源污染模型化方法的研究进展及其应用[J].人民黄河,2002,24(11):25—27.

[4]梁博,王晓燕,曹利平.我国水环境非点源污染负荷估算方法研究[J].吉林师范大学学报(自然科学版),2004,3:58—61.

[5]杨爱玲,朱颜明.地表水环境非点源污染研究[J].环境科学进展,1999,7(5):60—67.

[6]路月仙,陈振楼,王军,等.地表水环境非点源污染研究的进展与展望[J].环境保护,2003,11:22—26.

[7]郝芳华,杨胜天,程红光,等.大尺度区域非点源污染负荷估算方法研究的意义、难点和关键技术[J].环境科学学报,2006,26(3):362—365.

[8]李怀恩.估算非点源污染负荷的平均浓度及其应用[J].环境科学学报,2000,20(4):397—400.

[9]蔡明,李怀恩,庄咏涛.改进的输出系数法在流域非点源污染负荷估算中的应用[J].水利学报,2004,7:40—45.

[10]郑铭.环境影响评价导论[M].北京:化学工业出版社,2003:180—181.

[11]沈万斌,董德明,宿华,等.嫩江齐齐哈尔市江段水环境优化管理方案[J].吉林大学学报(地球科学版),2003,33(4):519—523.

[12]张大弟,陈佩倩,支月娥.上海市郊4种地表径流及稻田水中的污染物浓度[J].上海环境科学,1997,15(9):4—6.

[13]周汉葵.河流水中化学需氧量与高锰酸盐指数相关关系[J].环境科学动态,2005,2:22—23.

[14]韩永生,邓宇杰.总有机碳与高锰酸盐指数及化学需氧量的相关性[J].吉林化工学院学报,2005,22(3):17—18.

三、新立城水库总磷优化管理

沈万斌,刘景帅,杨育红,钱德安,翟影

(吉林大学环境与资源学院,吉林长春 130012)

摘要:为科学管理新立城水库水环境,确保长春市饮用水源安全,耦合了点源和非点源污染因素,建立了水库总磷优化管理模型,设计了3个总磷优化管理方案,以实现总磷的优化管理。结果表明:水库现状入库总磷超过允许入库总磷约6倍,点源和非点源的共同作用导致水库总磷污染严重;非点源总磷是水库最大污染源,占总磷污染的92%;其中养殖总磷污染是非点源总磷最大污染源,占总磷污染的79%;水库总磷优化管理方案是点源入库总磷为零,农田非点源实施无污染施肥管理,非点源入库总磷为 15.10 kg/d,最大养殖规模为 25416 头猪。指出重点治理总磷点源和非点源污染源,加强库尾人工湿地建设,加大湖域管理力度,是实现新立城水库总磷优化管理的根本措施。

关键词:总磷;优化管理;点源污染;非点源污染;养殖规模;新立城水库

中图分类号:X32　　　　**文献标识码**:B

文章编号:1004-6933(2010)05-0020-04

Optimal management of total phosphorus in Xinlicheng Reservoir

SHEN Wan-bin, LIU Jing-shuai,
YANG Yu-hong, QIAN De-an, ZHAI Ying

(College of Environment and Resources, Jilin University, Changchun 130012, China)

Abstract: In order to scientifically manage the water environment of the Xinlicheng Reservoir and ensure the safety of the drinking water source of Changchun City, an optimal management model of total phosphorus(TP) for reservoir coupling with the pollution factors from point and non-point sources was developed. Three schemes were designed to realize the optimal management of TP. The results showed that the present amount of TP entering the reservoir was about six times the permitted amount; TP from point and non-point source pollution caused serious contamination in reservoir; non-point source TP pollution was the largest pollution source in the reservoir, accounting for 92% of the TP pollution; and TP pollution from breed aquatics-was the largest non-point source of TP pollution, accounting for 79% of TP pollution. The scheme for optimal management of TPwas that the amount of TP entering the reservoir from point sources was zero; non-pollution fertilizer management was applied to control the non-point source pollution from croplands, and the permitted amount of TP entering the reservoir from non-point sources was 15.10 kg/d; and the maximum scale of animal husbandry was 25416 pigs. TP from point and non-point source pollution should be intensively treated, constructed wetlands should be developed up stream of the reservoir, and the watershed management for the reservoir should be enhanced, all of which are rational measures for achieving the optimal management of TP for the Xinlicheng Reservoir.

Key words：total phosphorus；optimal management；point source pollution；non-point source pollution；husbandry scale；Xinlicheng Reservoir；Jilin Province

近 20 年来,新立城水库水环境处于中-富营养程度[①]。随着水库流域工农业生产的快速发展,进入水库水域的总磷污染物逐年增加,致使水库水体富营养化程度日益加剧[②]。2007 年,水库首次暴发有史以来大规模的蓝藻水华现象,导致水库停止供水近1 个月,给长春市的生产、生活用水造成了较大困难[③]。根据国际上治理湖泊的经验,湖泊一旦发生富营养化,需要几十年的控制才能恢复到较低的营养盐水平[④]。因此,湖库水环境管理是长期的、艰巨的任务。新立城水库污染源分析及水质研究成果显示,点源与非点源是水库水质恶化的主要污染源;非点源污染的有增无减直接导致水库水质得不到明显改善[⑤]。

水环境管理模型作为一种科学有效的管理手段和工具,在国

① 严登华,何岩,邓伟,等.吉林省典型湖库中无机氮含量变化规律初探[J].环境科学学报,2001,21(1):89—94.

② 马树兴.生物措施治理新立城水库蓝藻的可行性分析[J].吉林水利,2009(2):43—44.

③ 李青山,苏保健.新立城水库藻类污染成因分析及治理对策措施[J].水文,2008,28(6):45—46.

④ SCHEFFER M. Ecology of shallow lakes[M]. Netherlands, Dordrecht:Kluwer Academic Publishers,2001:89—307.

⑤ 于常荣,赫影,钟艳兵.新立城水库水质研究[J].吉林水利,1995(1):30—34.

内外水环境管理中应用广泛①。笔者以入库总磷为决策变量，在约束方程中耦合湖库水质模型，考虑总磷点源与非点源污染负荷，建立了水库总磷优化管理模型，优化出水库总磷管理方案，为新立城水库总磷优化管理提供科学依据。

(一)研究区概况

新立城水库位于吉林省中部、伊通河中上游，地理位置为东经 $125°42'57''$，北纬 $43°42'57''$。距长春市 16 km，总库容 5.92 亿 m³，是长春市主要饮用水源地之一。20 世纪 80 年代，水库日供水能力 27 万 m³，占长春市供水量的 64%②；目前，新立城水库日供水能力 18 万 t，约占供水量的 30%③。主要汇水河流有伊通河、新湖河和加官河等季节性河流，枯水期经常断流。新立城水库位置示意见图 1。

新立城水库流域多低山丘陵，土地垦殖系数高达 83%。20 世纪 80 年代，全区森林覆盖率由建库初期（20 世纪 60 年代）的 46% 降为 25%，20 世纪 90 年代末期减至 21%；而坡耕地以平均每年 2.39 km² 的速度增加。流域所属河谷平地基本已全部开垦，库区周围以农田、宜林地为主，并有部分草地、荒地为辅。土壤为伊通河冲积而成，属于草甸土，渗透性弱，保水性强，酸碱度呈中性，土质肥沃，土层深厚，有机质含量高。库区属温带大陆性气候。年均温度 4.6℃，无霜期 140—150 d，11 月中旬之翌年 3 月上旬为冰冻期。年平均降水量 600 mm，多集中在 6—8 月，占全年降水的 70% 以上。新立城水库在吉林省地表水功能二级区划中为伊通河长春市饮用水源、渔业用水功能区，主导功能为饮

① 沈万斌,杨育红,董德明.松花江吉林省段水环境的优化管理[J].吉林大学学报:理学版,2007,45(6):1043-1045.

② 肖桂义,陆继龙,蔡波,等.长春市石头口门水库水质演变及对策[J].地质与勘探,2003,39(6):61-63.

③ 于常荣,赫影,钟艳兵.新立城水库水质研究[J].吉林水利,1995(1):30-34.

用水源区,水质控制目标为Ⅱ类。新立城水库流域为农业生产区,2004 年,化肥施用量为 833 kg/hm²,氮肥和磷肥比约为4.5：1。大部分村镇缺乏排水设施,养殖废水与村镇生活污水随洒地表,最终以地表径流形式进入水库。库周新湖镇和乐山镇人口、耕地面积、规模化畜禽养殖情况见表1。

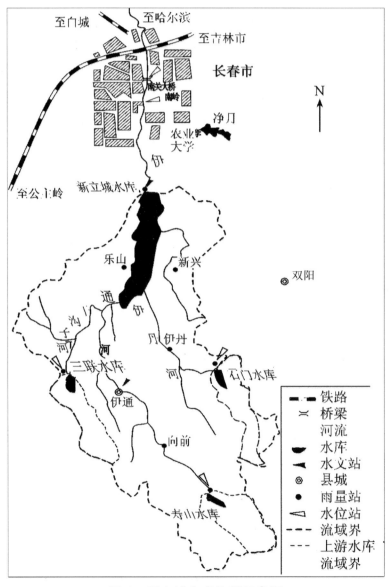

图 1　新立城水库位置示意图

表 1　新立城水库库周人口、耕地和畜禽养殖情况

地区	人口/万人	耕地/hm²	蛋鸡/万只	鹿/头	猪/头	黄牛/头	奶牛/头
新湖镇	2.4	7499	200	28748	28139	204	280
乐山镇	2.7	6100	100	10000	80000	400	240
合计	5.1	13599	300	38748	108139	604	520

实际监测结果表明,多年来新立城水库水质没有明显变化,各水期水质基本稳定在Ⅲ类水质标准,未能达到Ⅱ类水质标准,主要超标因子为总磷,丰水期总磷污染最严重。水库周边没有排放总磷及有机污染物的工业点源,但是新湖镇、乐山镇的工业废水、城镇生活污水对水源地水质均有影响;而丰水期降雨径流携带污染严重的泡塘水和农田中的农药、化肥,以及村屯畜禽粪便、生活污染物进入水库,是库周主要的非点源总磷污染源。

(二)总磷优化管理模型建立

1.目标函数

新立城水库总磷管理的目标函数是在满足水库总磷水质标准的约束下,水库容纳总磷量最大,数学表达式为:

$$\max Z = W_1 + W_2 \tag{1}$$

式中:Z 为水库容纳总磷量;W_1 为点源总磷排放量,kg/d;W_2 为非点源总磷排放量,kg/d。

2.约束方程

a.水库控制点总磷浓度约束

$$\rho_i \leqslant \rho_i^s$$

其中:

$$\rho_i = \rho_j \exp\left(-\frac{k_1 \varphi H r_i^2}{172800 Q_j}\right) \tag{2}$$

式中：ρ_i 为第 i 个控制点总磷质量浓度，mg/L；ρ_i^s 为第 i 个控制点总磷水质标准，mg/L；ρ_j 为污水总磷质量浓度，mg/L；Q_j 为污水排放量，排入新立城水库的污水量为生活污水量、工业废水量和地表径流量之和，m³/s；k_1 为总磷衰减系数；为混合角度，平直岸边取 π 弧度；H 为平均水深，m；r_i 为排放口到监测点的距离，m；ρ_{hj} 为水库本底总磷质量浓度，mg/L。

b.点源总磷排放浓度和排放量约束：

$$\rho_{pi} \leqslant \rho_{pi}^s \tag{3}$$

$$W_1 = \sum_{i=1}^{m} q_i \rho_{pi}^s \leqslant W_{max} \tag{4}$$

式中：ρ_{pi} 为第 i 个点源总磷排放质量浓度，mg/L；ρ_{pi}^s 为第 i 个点源总磷排放标准，mg/L；q_i 为第 i 个点源污水排放量，m³/d；W_{max} 为总磷最大排放量，kg/d；其他符号同前。

c.非点源总磷排放量约束：

$$W_2 = \sum_{i=1}^{m} E_l A_l k \leqslant W_{max} \tag{5}$$

式中：E_l 为第 l 个非点源营养源总磷产生系数；A_l 为第 l 种土地利用类型面积（或牲畜数量、人口数量）；k 为总磷污染入库系数，在径流过程中由于沿途堆积、沉淀、搬运等作用，非点源总磷有效入库量小于污染物产生量，二者的比值为总磷污染入库系数；其他符号同前。

d.非负约束：

$$W_l \geqslant 0 \tag{6}$$

上述目标函数（1）和约束方程（2）～（6）构成一个多目标线性规划模型，也就是新立城水库总磷优化管理模型。

（三）总磷优化管理计算

湖库水环境管理的目的是确定实现水环境管理目标的污水允许排放量或允许排放浓度。典型水环境管理是设法确定允许的污染物排放量，以满足其水环境标准；对于已经污染的湖库，水环境管理的任务就是设法确定各污染源的减排量或处理率等管理方案，以期在规定时间内达到水域功能标准。

1.总磷管理目标

管理目标为水库水质达到集中式饮用水源水质标准，使城乡居民饮用水源的水环境质量得到保障；库区流域内工业废水达标排放；各监测断面水环境质量满足其水域功能标准；在满足水质功能标准的前提下，使污水排放量最大。

2.总磷管理方案

管理方案要力争做到技术可行、经济合理、管理方便；点源污染源达标排放；各功能区达到其水质标准；按先点源后非点源的顺序进行污染源治理。

新立城水库总磷优化管理模型建立的条件是上游来水达标。因水库所在的东北地区冬季温度低，河流处于冰冻期，水库周边排水以散排为主，所以污染物很难进入水库；降雨径流产生的非点源污染多发生在 6—9 月丰水期。根据新立城水库各监测点总磷多年超标实际情况，共设计 3 个优化管理方案：①库周点源污水通过管道排入水库大坝下游，库区单位面积化肥施用量不变，库尾水质达到Ⅲ类标准（GB3838—2002《地表水环境质量标准》，下同），库中水质达到Ⅱ类标准；②库周点源污水通过管道排入水库大坝下游，库区单位面积化肥施用量减少 50%，库尾水质达到Ⅲ类标准，库中水质达到Ⅱ类标准；③库周点源污水排放方式不变，库区单位面积化肥施用量减少 50%，库尾水质达到Ⅲ类标准，库中水质达到Ⅱ类标准。

3.总磷排放量估算

（1）基础数据

根据新立城水库水环境质量现状、管理目标和库周实际情况，库尾水质确定为Ⅲ类标准；在满足允许入库总磷负荷条件下，具体管理方案主要是通过控制点源和化肥施用量，求得库周最佳养殖规模。耕地面积根据新立城水库退耕还林规划,到 2010 年退耕还林面积达 30 km²,计算用耕地面积为现状耕地面积与退耕还林面积之差;目前,库周实际施磷量约为 120 kg/hm²,新立城水库氮磷优化配比为 3∶1[①],根据我国大田作物无污染施氮量平均每季为 180 kg/hm²[②] 的标准,库周属一年一季作物种植,最优施磷量应为 60 kg/hm²。

(2)点源和非点源入库总磷量估算

通过调查分析,新立城水库库周工业污染源主要有 20 家,总磷污染负荷以统计数据为准;生活污染源未统计,以现状人口和排放系数进行估算,生活污水取 100 L/(人·d),总磷取 1.6 g/(人·d);农田总磷排放系数取 1.2 kg/(hm²·a);畜禽养殖以猪计,折算比例参照 GB18596—2001《畜禽养殖业污染物排放标准》,总磷取 3.6 g/(头·d)。库周总磷主要通过地表径流入库,因此,以丰水期 122 d(6—9 月)估算入库总磷量。库周入库总磷量 Wp 计算以湖泊推流衰减模型为基础,采用平均浓度法计算,公式如下:

$$Wp = 86.4\rho jQj = 86.4Qj(\rho i - \rho hj)expk1 Hr2i172800Qj \quad (7)$$

点源和非点源入库总磷估算结果见表 2。表 2 表明,现状入库总磷为 106.97 kg/d。其中点源入库总磷为 8.45 kg/d,占总磷污染的 8%;农田源入库总磷为 14.14 kg/d,占总磷污染的 13%;禽畜源入库总磷为 84.38 kg/d,占总磷污染的 79%,规模化畜禽养殖是入库总磷最大污染源。

4.总磷管理方案优化

结果分析采用单纯形法求解新立城水库总磷优化管理模型,优化结果见表 2。

---

① 杨爱玲.城市饮用水地表水源保护研究:以东北区为例[D].长春:中国科学院东北地理与农业生态研究所,2000.

② 侯彦林,周永娟,李红英,等.中国农田氮面源污染研究:I污染类型区划和分省污染现状分析[J].农业环境科学学报,2008,27(4):1271—1276.

表 2　新立城水库总磷优化管理模型优化结果

方案	允许入库总磷/(kg·d⁻¹)	点源与非点源总磷合计/(kg·d⁻¹)	点源入库总磷/(kg·d⁻¹)	非点源入库总磷/(kg·d⁻¹)			折合最大养猪规模
				农田	畜禽	小计	
现状排放		106.97	8.45	14.14	84.38	98.52	225942
优化方案 1	15.10	15.10	0	11.14	3.96	15.10	10561
优化方案 2	15.10	15.10	0	5.57	9.53	15.10	25416
优化方案 3	15.10	15.10	8.45	5.57	1.08	6.65	2880

表 2 的优化结果表明：

a. 新立城水库现状入库总磷为 106.97 kg/d，允许入库总磷为 15.10 kg/d，现状入库总磷超过允许入库总磷约 6 倍。

b. 优化方案 1 是进行点源排放限制，点源污水通过管道在水库大坝下游排放，点源允许入库总磷为零，非点源允许入库总磷为 15.10 kg/d，农田总磷以退耕还林后的耕地面积计，施肥量不变，最大养殖规模为 10561 头猪；优化方案 2 是既要求点源入库总磷为零，又对农田非点源进行无污染施肥管理，非点源允许入库总磷为 15.10 kg/d，最大养殖规模为 25416 头猪；优化方案 3 是仅对农田非点源总磷进行管理，而维持现状点源排放量和排放方式不变，最大养殖规模为 2880 头猪。3 个优化管理方案均可实现对新立城水库总磷的优化管理。

c. 根据《中华人民共和国水法》第三十四条的规定："禁止在饮用水水源保护区内设置排污口"，综合考虑新立城水库库周城镇以畜禽养殖业为支柱产业，比较 3 个优化管理方案对畜禽养殖规模求解结果，水库总磷优化管理应采用优化方案 2：即点源入库总磷为零，库周农田实行无污染施肥管理，非点源允许入库总磷为 15.10 kg/d，库周最大养殖规模为 25416 头猪。

（四）措施建议

为更好地保护饮用水水源地，保障居民饮用水安全，扩大库周规模化养殖,需加强点源和非点源以及工业、生活、农田和畜禽养殖等方面的综合管理。

a.水库点源污染采取"源头控制"和"末端治理"双向治理措施。一级保护区内禁止工业、生活点源污染源排放;二级保护区内应重点控制耗水量大、污染严重企业,实行关、停、并、转,减少污染物排放;鼓励居民减少含磷洗涤剂的使用;树立节约用水和环境保护意识;加快城镇污水处理厂建设,加快规模化畜禽养殖粪便无害化处理设施建设,处理工艺要具备脱氮除磷功能。

b.建议水库库区坡度在15°以上的坡耕地退耕还林,坡度在5°～15°的耕地应采取培堤埂、种植物篱、修筑梯田、预留植被缓冲带等水土保持措施;鼓励农民合理堆放和使用畜禽粪便,政策扶持建设畜禽粪便处理厂;推广测土施肥技术成果,引导农民科学施肥;改变单一作物种植方式,采用轮作种植。

c.在库尾建设一定规模的人工湿地。

d.加强库域水环境管理,加大法律监督、政府干预和投资力度,统一规划发展,协调资源配置。

(五)结论

新立城水库现状入库总磷超过允许入库总磷约6倍,非点源总磷是新立城水库最大污染源,占总磷污染的92%。其中养殖总磷是非点源总磷最大污染源,占总磷污染的79%。点源和非点源污染的共同作用导致了新立城水库总磷污染严重。从线性规划理论出发,耦合了点源和非点源污染因素,建立了新立城水库总磷优化管理模型,设计了3个管理方案,用单纯形法求解管理模型,3个优化管理方案均可实现新立城水库总磷的优化管理。应实施优化方案2对新立城水库进行总磷优化管理:即点源入库总磷为零,周围农田实行无污染施肥管理,非点源允许入库总磷为15.10 kg/d,最大养殖规模为25416头猪。总之,重点治理总磷点源污染源和非点源污染源,加强库尾人工湿地建设,加大湖域管理力度,是实现新立城水库总磷优化管理的根本措施。

(六)参考文献

[1]严登华,何岩,邓伟,等.吉林省典型湖库中无机氮含量变化规律初探[J].环境科学学报,2001,21(1):89—94.

[2]马树兴.生物措施治理新立城水库蓝藻的可行性分析[J].吉林水利,2009(2):43—44.

[3]李青山,苏保健.新立城水库藻类污染成因分析及治理对策措施[J].水文,2008,28(6):45—46.

[4]杨铭威,石亚东,孙志,等.太湖蓝藻暴发引发无锡供水危机的思考[J].水利经济,2009,27(3):36—38.

[5]侯俊,王超,兰林,等.我国饮用水水源地保护法规体系现状及建议[J].水资源保护,2009,25(1):79—82,85.

[6] SCHEFFER M. Ecology of shallow lakes[M]. Netherlands,Dordrecht:Kluwer Academic Publishers,2001:89—307.

[7] NIXDORF B,DENEKE R. Why`very shallow` lakes are more successful opposing reduced nutrient loads[J]. Hydrobiologia,1997,342/343:269—284.

[8]于常荣,赫影,钟艳兵.新立城水库水质研究[J].吉林水利,1995(1):30—34.

[9]杨爱玲.城市饮用水地表水源保护研究:以东北区为例[D].长春:中国科学院东北地理与农业生态研究所,2000.

[10]沈万斌,杨育红,董德明.松花江吉林省段水环境的优化管理[J].吉林大学学报:理学版,2007,45(6):1043—1045.

[11] HSIEH Cheng-daw,YANG Wan-fa. Optimal nonpoint source pollution control strategies for a reservoir watershed in Taiwan[J]. Journal of Environmental Management,2007,85:908—917.

[12] JONES L,WILLIS R,YEH W W W-G. Optimal control of nonlinear groundwater hydraulics using differential dynamic programming[J]. Water Resources Research,1987,23:

2097－2106.

[13]肖桂义,陆继龙,蔡波,等.长春市石头口门水库水质演变及对策[J].地质与勘探,2003,39(6):61－63.

[14]侯彦林,周永娟,李红英,等.中国农田氮面源污染研究:Ⅰ污染类型区划和分省污染现状分析[J].农业环境科学学报,2008,27(4):1271－1276.

[15]国家环境保护局.环境影响评价技术导则:地面水环境(HJ/T2.3－93)[S],1993.

四、南水北调中线干线工程河南段的水环境影响及对策研究

杨育红[1]，胡宝柱[1]，李舜才[1,2]

（1.华北水利水电学院 水利学院，河南郑州 450011；2.南水北调中线干线工程建设管理局，北京 100038）

摘要：本文分析研究了南水北调中线工程实施对河南沿线地表水和地下水环境的影响，包括对河道、农业灌溉、渠道左岸洪水的影响以及降水施工对地下水位的影响等；预测了工程运行期渠道对地下水的阻隔和渠道渗漏对水环境的影响；分别提出了施工期和运行期消除不良影响的工程和管理方面的应对措施，旨在为缓解工程其他区段的水环境影响提供理论和实践参考。

关键词：南水北调中线工程；水环境影响；地表水；地下水；河南段

中图分类号：X321　　　　**文献标识码**：A

文章编号：1000-0860（2012）05-0016-04

Impact from Mid-route of South-to-North Water Transfer Project on water environment along its Henan Section and study on relevant countermeasures

YANG Yuhong[1]，HU Baozhu[1]，LI Shuncai[1,2]

（1. College of Water Resources，North China University of Water Resources and Electric Power，Zhengzhou 450011，Henan，China；2. Construction and Administration Bureau of South-to-North Water Diversion Middle Route Project，Beijing 100038，China）

Abstract:The impact from the implementation of the Mid-route of the South-to-North Water Transfer Project on the surface water and groundwater along the Henan Section of the project is studied herein,including the impact on river channels,agricultural irrigation and the flood process beside the left bank of water conveyance channel of the project as well as the impact from the dewatering construction of the project on the groundwater table,and then the barrier to groundwater during the operation of the water conveyance channel and the impact from the leakage from the channel on the water environment therein are also predicted,furthermore,the relevant countermeasures to eliminate the unfavorable impacts from the aspects of both the construction and management during the construction and the operation are respectively put forward,so as to provide some theoretical and technical references for alleviating the impact from the project on the water environments of the areas along the other sections of it.

Key words:Mid-route of the South-to-North Water Transfer Project;impact on water environment;surface water;groundwater;Henan Section

南水北调中线工程是解决华北水资源危机的一项重大基础设施,横跨长江、淮河、黄河、海河四大流域,工程实施是对自然规律的大规模改变行为[①]。工程面临的首要难题是处理好工程措施与自然环境的关系[②]。针对总干渠左岸的河沟串流[③];受水地区

---

① 邹逸麟.南水北调慎之又慎[N].联合时报,2000-9-1(1).

② 刘昌明.南水北调:重组中国命脉资源[J].人与自然,2002(12):7-15.

③ 郭松昌,张晓伟,王卫东,等.南水北调中线工程对安阳市城市防洪的影响分析[J].海河水利,2008(5):20-21.

地下水位抬升①；渠道对地下水流的阻隔②；导致局部地段的土壤次生盐渍化③等不利影响，研究者多提出工程建成后应采取的非工程响应措施，较少关注为消除不利影响所采取的与工程建设同步的工程措施。鉴于河南省在南水北调中线工程中既是水源地，又是受水区，是重要的连接渠段，解决和处理好河南段工程建设对沿线的水环境影响问题，对南水北调中线干线工程总干渠的顺利实施和安全运行具有现实和指导意义。

（一）南水北调中线干线河南段工程概况及环境特征

1. 南水北调中线干线河南段工程概况

工程总干渠在河南省境内流经 8 个省辖市，21 个县（市）。河南段工程占地 35.5 万亩，其中，永久占地 18.1 万亩，临时占地 17.4 万亩；拆迁涉及人口 5.5 万人；年调水量 95 亿 m^3，分配用水量 37.69 亿 m^3。河南省受水区内规划供水城镇为 43 座，其中 11 座省辖市市区、7 座县级市和 25 座县城。在受水区范围内，南水北调分配用水占受水区城市供水的一半以上。南水北调中线河南段干线穿越江、淮、黄、海四大水系的大小河流 461 条，全长 731 km。沿线地质条件复杂，存在膨胀土（岩）、湿陷性黄土、煤矿采空区、高地下水等技术难题；布置河渠交叉建筑物、左岸排水建筑物、渠渠交叉建筑物、路渠交叉建筑物等 1000 多座。2006 年 9 月开工的安阳段是河南段率先开工的工程。南水北调中线一期主体工程计划 2013 年完工，2014 年汛后通水。截至 2011 年 12 月，河南段黄河以北 249.7 km 干线部分渠段初具规模，黄河以南

---

① 王祎萍,吴保德,贾三满,等.南水北调工程对北京地区生态环境变化的影响研究[J].中国地质灾害与防治学报,2009,20(2):70—75.

② 李振海,赵蓉,祝秋海.南水北调中线北京段总干渠工程的主要环境影响及保护措施探讨[J].南水北调与水利科技,2010,8(4):19—23.

③ 黄学超,段艳.跨流域调水对区域生态环境影响分析[J].水利水电技术,2009,40(1):22—25.

481.3 km 干线进入全线建设阶段。

2.南水北调中线干线工程河南段自然环境

河南省是全国水资源严重短缺的省份之一,全省水资源量 413 亿 m³,人均水资源占有量 420 m³,相当于全国平均水平的 1/5,总体上属于资源性缺水。现状城市供水是靠挤占农业用水、超采地下水和牺牲河道内生态需水得以维持的。南水北调工程受水区是河南省城市集中、人口密集的经济发达地区,也是水资源严重紧缺地区。根据《河南省南水北调城市水资源规划》预测,到 2030 年河南受水区城市年缺水量将达 49.7 亿 m³。降水年内分布很不均匀,年际变化大,夏季受东南季风影响,雨量集中,且多暴雨。地势西高东低,西有太行山和伏牛山,南有桐柏山和大别山,东部平原地面海拔高程在 100 m 以下,三面环山和由东向西逐渐升高的地势有利于偏东暖湿气流的进入,气流在行进过程中,受总干渠西侧伏牛山、太行山的阻挡和抬升影响,易在山前地带产生暴雨。沿线地层主要有第四系、新近系、石炭系、二叠系、寒武系,并经过地震裂度 7～8 度区。

(二)施工期的水环境影响及对策

南水北调工程建设期较长,交叉河流水文情势与局部初设条件发生了较大变化;高地下水位段进行降水施工引起的地下水位变化,影响灌溉和居民饮水;渠道开挖影响小型排水沟泄洪,截断农业灌渠等因素导致阻工现象时有发生。减轻或消除工程建设对沿线地表水和地下水环境的不利影响,是工程得以顺利实施的保证。

1.地表水环境影响及对策

2.1.1 河砂无序采挖的危害和预防建议

工程浇筑混凝土使用的砂石骨料,部分就地取材,在河道内采挖,加上地方长期无序采砂,致使有一定水量的河道变形,堤岸崩溃,河床下切,如南阳段淯河、白河;季节性河流河床消失,河道走向不明确,如新乡段石门河。河流水文情势的变化,削减河道泄洪能力,加剧工程安全度汛工作难度,造成设计变更,影响施工进度。非法无序采砂受高额利润驱使和处罚力度不够而屡禁不止,建议当地政府和各参建单位积极采取措施。首先,应严格执行《河道采砂管理条例》,加大执法力度,控制采砂量,规范采砂行为,界定采砂范围,合理规划河岸;其次,施工、设计单位与当地政府协商,结合河道管理部门的河流中长期规划,在河渠交叉建筑物的上下游划定保护区,宜草宜林,开展绿化,营造人工景观;第三,针对水量较大的河流,在河渠交叉建筑物下游修建橡皮坝,起到拦河蓄水沉砂的作用,既可提高河床,增加河流水位,自然阻减采砂行为,又可美化环境,一举多得。

2.1.2 地表水灌溉渠道受损及处理措施

主体工程虽然设置有渠渠交叉建筑物,但为了控制投资,根据"大于 $0.8\ \mathrm{m^3/s}$ 的灌溉渠道可建交叉建筑物"的布置原则[①],对于一些小型渠道,规划确定使用的替代方案(井灌、渠系恢复连接)由于多方面原因无法实施或实施滞延,给当地群众的农业生产造成了影响。南水北调中线工程设计周期长,局部初设条件变化较大。针对没有布置渠渠交叉建筑物的灌溉渠道,提出的恢复灌溉渠道、改变灌溉方式等应对措施或替代方案。首先,应从工程实际出发,结合农业生产,进行多元化恢复灌溉方式的论证和沟通;其次,要保证总干渠左侧灌溉渠道合并科学合理,穿过渠道后与原有渠道联通切实可行;第三,密切与地方政府联系,深入做好群众工作,建设真正让人民满意的民生工程。

---

① 赵春锁,单木双,王保东.南水北调中线京石段工程影响地表水灌区恢复探讨[J].南水北调与水利科技,2008,6(S2):123-125.

2.1.3 渠道左岸洪水串流及应对方案

总干渠沿线地形西高东低,与其交叉的小型河道、排水沟、自然泄洪道逐渐缩窄,部分河道没有固定的沟道。自然状况下,暴雨径流顺势传播,均匀流动,河沟串流方向、洼地淹没面积相对稳定。工程实施后,相关交叉建筑物完工前,高填方、全挖方等标段改变原来的地形地势,渠道阻碍了其左岸地区的洪水传播,不同程度地加大了左岸地区的阻水、雍水作用;同时,改变了漫坡汇流的洪水行进方式,暴雨径流从穿渠交叉建筑物口门集中下泄,增加右岸局部地区防洪压力,可能导致左淹右冲。南水北调中线工程唯一穿越城区的焦作段在山前坡地和平原交界地带,总干渠防洪堤高于城区地面 2~7 m,阻挡地面水南下,容易引起干渠污染和城市内涝。为避免洪水倒灌,首先,完善市区北端山上、山前截洪沟系统,阻止外水冲入城区;第二,改造现有城区雨污合流制排水系统,设计截留雨水暗渠,因地制宜将雨水分梯次排入泄洪河道,再横穿南水北调渠底,自流排放;第三,清淤、疏浚、整治现状河道,提高河道过流能力。渠道经过的农村地区,多为农田、耕地。原来地貌、地形的改变、干渠堤岸的阻挡、左岸排水未建或未投入使用前、渠道两侧生态带未建设等原因,暴雨径流不能顺畅排泄、下渗,轻则淹没农田,导致粮食减产;重则洪水倒灌进入村庄,造成生命财产损失。因此,工程实施前和实施过程中,要综合考虑工程和当地实际情况,进行详细的实地踏勘和测量,在大量分析历史降雨资料的基础上,合理设计左岸排水和导流渠,编制防洪度汛方案,统筹规划工程进度和目标,制定切实可行的泄洪应急方案,科学处理好工程进度和农业生产的关系。

2. 地下水环境影响及对策

在高地下水位或软弱土层含水丰富地区,渠道和深基坑开挖必须进行工程降水。河南段约 300 km 渠段需进行工程降水。工程降水为渠道和基坑开挖提供干燥的作业环境,对加固土体和稳定边坡、减小地下水的危害也有很重要的作用。但是，工程降水会引起周边地下水位降低，导致地面沉降；而大量排水改变地下水位，还造成水资源浪费，影响生活、生产。对于降水导致的浅水位井下降，造成居民饮水和灌溉困难的，一是合理安排施工期，避开农作物生长主要灌溉期；二是科学勘测，界定降水影响范围，布置打挖深水位机井，解决问题。工程抽排水去向，首先，考虑加长排水管道，注入灌溉渠道，减少对农业灌溉的影响；第二，就近原则，利用附近河渠、水库、自然或人工洼地蓄水，工程完成后，回灌补给地下水；第三，加快施工进度，尽量缩短降水周期。

（三）运行期主要水环境影响预测及建议

干渠穿越河南地区的地下水流向与渠道走向基本直交，工程对沿线局部地段地下水流动形成阻隔，使地下水不能顺利排泄至下游，产生雍高、绕流现象。同时，下游补给减少，会给以地下水为水源的村庄带来影响。建议在影响较大的渠道沿线左右适当布置观测井，对地下水位进行长期观测，根据观测数据，采取相应的措施。高地下水位段需要进行渠基地下水排水设计，一是泵站强排，通过衬砌板下混凝土管集水至渠外侧集水井，利用泵站抽排降低地下水位；二是自流内排，通过衬砌板下混凝土管集水，利用设在衬砌板上的逆止式排水阀，当地下水位高于渠道底部水位时，地下水顶托逆止活动门并使其开启，地下水通过排水器自由排出，达到消除地下水扬压力的目的，相反，逆止活动门关闭，防止渠道内水渗入地下。渠道渗漏将抬高两侧的地下水位，改变小区域的水文地质工程地质条件，从而出现一些新的地质灾害。对地下水径流排泄条件较差，地下水位埋深较浅的地带，如：沁河及其两侧平原地带，可能产生浸没和次生盐渍化问题。预防措施一方面采取截渗、防渗、开挖排水沟等工程措施控制地下水位上升；另一方面结合农作物、土壤改良等措施防治土地渍涝和盐碱化；第三，利用工程两侧生态带和浸没洼地，因地制宜修建人工湿地，营造亲水景观。

(四)结论

大规模、长距离、横跨四大流域的南水北调中线工程的实施必将缓解目前河南省水资源严重短缺的局面。而调水工程河南沿线水平衡和水文循环的改变,不可避免将产生广泛的水文效应,由此引发的不利环境影响和长期影响,难以明确。片面夸大负面影响、说小调水效益、忽视应对举措效应都是不客观的。通过分析预测调水工程施工期和运行期对河南段地表水和地下水环境的影响,结合可能出现的环境问题提出了相应的解决办法,并建议参建各方高度重视工程运行后可能出现的水环境问题及积极进行应急预案的研究,为客观正确评价工程的整体效益提供了参考基础。

(五)参考文献

[1]邹逸麟.南水北调慎之又慎[N].联合时报,2000-9-1(1).

[2]刘昌明.南水北调:重组中国命脉资源[J].人与自然,2002(12):7-15.

[3]郭松昌,张晓伟,王卫东,等.南水北调中线工程对安阳市城市防洪的影响分析[J].海河水利,2008(5):20-21.

[4]孙东坡,王二平,廖小龙,等.南水北调总干渠对其左岸洪水传播的影响[J].水利水运工程学报,2006(3):29-32.

[5]王祎萍,吴保德,贾三满,等.南水北调工程对北京地区生态环境变化的影响研究[J].中国地质灾害与防治学报,2009,20(2):70-75.

[6]李振海,赵蓉,祝秋海.南水北调中线北京段总干渠工程的主要环境影响及保护措施探讨[J].南水北调与水利科技,2010,8(4):19-23.

[7]黄学超,段艳.跨流域调水对区域生态环境影响分析[J].水利水电技术,2009,40(1):22-25.

[8]赵春锁,单木双,王保东.南水北调中线京石段工程影响地表水灌区恢复探讨[J].南水北调与水利科技,2008,6(S2):123-125.